本书受教育部人文社会科学规划基金项目"农村小流域环境冲突与微治理机制创新研究"（编号19YJA840003）资助

可持续发展视角下的
村庄环境治理研究

◎黄齐东　著

南京大学出版社

图书在版编目(CIP)数据

可持续发展视角下的村庄环境治理研究 / 黄齐东著
— 南京：南京大学出版社，2020.12
ISBN 978-7-305-23673-0

Ⅰ. ①可… Ⅱ. ①黄… Ⅲ. ①农村－环境综合整治－
研究－江苏 Ⅳ. ①X322.253

中国版本图书馆 CIP 数据核字(2020)第 149648 号

出版发行　南京大学出版社
社　　址　南京市汉口路 22 号　　　　　邮　编　210093
出 版 人　金鑫荣

书　　名　**可持续发展视角下的村庄环境治理研究**
著　　者　黄齐东
责任编辑　吴　汀　　　　　　　　编辑热线　025－83592193

照　　排　南京南琳图文制作有限公司
印　　刷　江苏凤凰通达印刷有限公司
开　　本　880×1230　1/32　印张 4.75　字数 130 千
版　　次　2020 年 12 月第 1 版　2020 年 12 月第 1 次印刷
ISBN 978-7-305-23673-0
定　　价　30.00 元

网址：http://www.njupco.com
官方微博：http://weibo.com/njupco
官方微信号：njupress
销售咨询热线：(025) 83594756

前　言

　　中国在迅速发展的同时亦面临巨大挑战：在转型期的中国社会经济条件下，环境体系的复杂多变、时间与空间的快速置换、社会与环境互动维度的重叠交织。虽然中国环境治理逐步走向制度化，但这种环境治理具有外生性和脆弱性的特征。

　　中国的水资源一直面临着污染。本书选取 A 市 C 湖的东村作为研究案例，对东村渔民的环境治理进行了全方位的记录与分析，探索中国语境下的环境与社会变迁，解释环境变迁下的渔村社会关系变化，探讨环境可持续发展视角下的村级治理机制的运行、社会资本的整合及社会网络的重构。

　　在家族关系的变化方面，东村两大家族之间及其内部关系由于环境污染以及其所引起的环境治理而产生了深刻变化。在乡规民约方面，东村正经历这样的一种转变：乡村社会关联由强转向弱，经济分化程度从低转向高。在利益多元化的情况下，渔民们清楚地认识到，凭借村庄传统已不能完全获取到市场发展所需要的资源。在村治体系方面，渔民可以通过村代会等形式直接参与决策的过程，这就意味着村代会被赋予了相应的环境治理权限，并呈现其制度化、常态化和法律化的趋势。

　　水污染已经成为影响农村地区发展的重要因素之一。由于污染而引起的村治体系各构成部分之间的互动，是一个复杂、动态的过程，对中国农村地区的社会与环境的相互影响进行深入研究有利于实现可持续发展。

目　录

第一章

绪　论

第一节　问题提出

一、研究背景

2018 年 4 月 26 日,中共中央总书记、国家主席、中央军委主席习近平在武汉主持召开深入推动长江经济带发展座谈会并发表重要讲话。习总书记指出,要处理好绿水青山和金山银山的关系,这不仅是实现可持续发展的内在要求,而且是推进现代化建设的重大原则。生态环境保护和经济发展不是对立的关系,而是辩证统一的关系。生态环境保护的成败归根到底取决于经济结构和经济发展方式。发展经济不能对资源和生态环境竭泽而渔,生态环境保护也不是舍弃经济发展而缘木求鱼,要坚持在发展中保护、在保护中发展,实现经济社会发展与人口、资源、环境相协调,使绿水青山产生巨大生态效益、经济效益、社会效益。

2019 年 9 月 18 日,习总书记在郑州主持召开黄河流域生态保护和高质量发展座谈会并发表重要讲话。他强调,要坚持绿水青山就是金山银山的理念,坚持生态优先、绿色发展,以水而定、量水而行,因地制宜、分类施策,上下游、干支流、左右岸统筹谋划,共同抓好大保护,协同推进大治理,着力加强生态保护治理、保障河流长治久安、促进流域高质量发展、改善人民群众生活。要坚持山水林田湖草综合治理、系统治理、源头治理,统筹推进各项工作,加强协同配合,推动流域高质量发展。

自古以来,人类逐水而居,繁衍生息。大江大河流经之处,乃古代文明之发源之地。水草丰美之湖畔,大多炊烟袅袅,鸡鸣犬吠。一方水草,养一方人。河流若变迁,曾安居乐业的人们则会被迫迁徙,再寻他所;湖泊若消亡,曾经繁华的城池则可能成为断垣残壁,销声匿迹。

水,满足了人类的基本生存需求,延续了人类的世代繁衍,是人类社会发展不可或缺的自然要素;水,无形,无色,无味,却以微妙而深刻的方式作用于人类社会,它使得临水而居的人们建立了某种关系:上游、下游、左岸、右岸。人们可以因水而和谐地生活在一起,亦可能因水而产生争执,甚至不惜一战。

自工业革命以来,人类逐渐进入了发展的快车道。特别是自20世纪50年代以来,由于人口增长、工业发展和城市化进程的加快,在全世界范围内,尤其是人类高度聚居的城镇地区,水资源短缺和水质下降已经成为阻碍社会发展的重要因素。世界水理事会(World Water Council)列举了水资源所面临的诸多问题,预计到2025年,全球将有2/3的人口要面对各种形式的水短缺;同时,水资源分布不均匀,有的地区降水量丰富,超过1 500—3 000 mm/年,而有的地区又极其干旱,降水量不足100 mm/年。水资源危机已经成为21世纪全球面临的最大挑战。[①]

作为全球最大的发展中国家,中国面临着经济发展和环境保护的双重任务。中国用30年时间走完了西方发达国家上百年走过的路程,正是这种时间与空间上高度压缩的发展,导致人口、资源与环境之间的关系高度紧张。以水资源为例,随着我国人口持续增长和经济快速发展,水资源呈现总体下降的趋势。根据国际河流组织(International Rivers)于2014年3月发布的报告,中国

---

① http://www.worldwatercouncil.org/.

河流湖泊的生态系统"已经受到严重破坏",导致"紧迫的环境问题"。① 根据中华人民共和国环境保护部《2015 年中国环境状况公报》,在河流方面,长江、黄河、珠江、松花江、淮河、海河、辽河、浙闽片河流、西北诸河和西南诸河等十大流域的国控断面中,Ⅰ—Ⅲ类、Ⅳ—Ⅴ类和劣Ⅴ类水质断面比例分别为 71.7%、19.3% 和9.0%。② 水污染已经成为危及中国社会经济可持续发展、制约经济增长和区域经济协调发展的主要障碍。

在所有水污染类别中,湖泊污染的影响特别显著。湖泊是陆地表面凹陷、蓄集水量的天然洼地。湖泊,在为人类生息繁衍提供良好环境的同时,也遭受了来自人类社会的巨大影响。据中国环境保护部 2015 年的数据,在全国 31 个大型淡水湖泊中,水质为优良、轻度污染、中度污染和重度污染的比例分别为 60.7%、26.2%、1.6% 和 11.5%。③ 重点湖泊综合营养状态指数堪忧,富营养、中营养和贫营养的湖泊(水库)比例分别为 27.8%、57.4% 和 14.8%。其中,淀山湖、达赉湖、白洋淀、贝尔湖、乌伦古湖和程海已经达到重度污染。由于自然环境的变迁和人类活动的影响,不少湖泊已经开始大规模萎缩,一些湖泊甚至已经消失。④

二、问题提出

自 20 世纪 80 年代以来,中国农村社会的传统秩序受到来自外界的强大冲击,固有的乡土规范受到了前所未有的挑战,农村社会呈现出新旧格局交替的复杂局面:村民之间传统的紧密关系开始减弱,村庄从"熟人社会"转向"半熟人社会"。村民的社会交换不再仅仅考虑人情原则,而是更多地考虑经济利益。也就是说,差序格局的理性化的趋势愈发明显,经济利益已经成为村民之间联

---

① http://www.internationalrivers.org/.

② http://datacenter.mep.gov.cn/.

③ 主要污染指标为总磷、化学需氧量和高锰酸盐指数。

④ 参阅环境保护部网站文件 http://www.mep.gov.cn/zwgk/hjtj/。

系的重要纽带。① 在利益主体化的前提下,村民在村级事务上的挑战更加突出。建立在传统资本基础之上的村庄秩序趋向消退,现代性社会关联开始建立。村民们开始搁置村庄传统,不断接纳日益丰富的现代性。②③

由于旧的格局尚未打破,新的格局还未建成,因此,农村的环境治理呈现出复杂而多变的态势。从旧的格局来看,差序格局仍然深刻地影响着村民的个人社会地位及关系网络,决定着村民在资源配置中可以调配的资源。在农村环境污染问题的日益凸显的当下,从环境社会学的角度出发,探索农村地区环境与社会的交互关系,寻求环境改善的社会治理方案,是学术界所面临的一个重要课题。④

三、研究框架与创新

在此背景之下,笔者选取了 A 市 C 湖畔的东村作为研究对象,对东村渔民的环境治理行为进行了详细的观察和记录,对其影响进行了深入的研究和分析。⑤

为什么选择 C 湖地区?其一,C 湖地区承接了不少从发达地区转移而来的产业,这些产业所带来的环境污染的空间影响相对集中;其二,C 湖地区的水资源曾经非常丰富,但资源的无序开发与污染加剧已经使得水资源逐渐成为一种稀缺资源。水资源从"丰富"变为"稀缺",一切都发生在短短的十多年间,环境污染的时间影响相对集中,观察效果相对明显。

本书的框架安排为:从渔民与渔民、渔民与政府、渔民与企业

① 陆益龙.后乡土中国的基本问题及其出路[J].社会科学研究,2015(1).
② 贺雪峰.村庄政治社会现象排序研究[J].甘肃社会科学,2004(4).
③ 张国芳.传统社会资本及其现代转换——基于景宁畲族民族自治村的实证研究[J].浙江社会科学,2014(1).
④ 张君.农民环境抗争、集体行为的困境与农村治理危机[J].理论导刊,2014(2).
⑤ 根据学术规范及传统,笔者隐去了真实的村庄名称和人名。文中的村名和人名均为替代名称。

之间 3 个维度来考察渔民环境治理的缘由、方式、结果与影响,深入分析渔民环境治理的行为方式和行为策略,探讨环境治理对于渔民网络、渔村秩序、社会结构所带来的影响,展示当前农村社会中环境问题的社会影响,分析渔村社会关系与资本在环境问题上的多维治理,探索古老乡村秩序与现代政治制度、传统人情关系与行政层级关系、村规民约与国家治理机制之间所产生的碰撞与交融,为完善现有的农村治理体制与环境治理政策提供现实的参考。

本书的主要创新之处如下:

第一,探索环境治理下村级治理的发展态势。民主化村级治理在本质上属于"社会治理"而非"国家治理"。环境可持续发展视角的叠加使得村级治理变得愈加多变。譬如,渔民们的每一次投票,都有可能引发新的治理挑战;镇干部、村委会及其他乡村精英之间的联络与沟通由于环境问题的出现而变得更加复杂。本书将探讨渔民的环境治理对村级治理的影响,探索渔民在这个过程中如何获取政治经验,如何通过村代会等形式参与村庄治理,如何通过日常事务管理赢得渔民自治权,以及如何在环境资源供需挑战的情况下实现民主化村级治理的可能性与连贯性。

第二,研究环境治理下的村庄社会网络的演绎特征。"网络"实际上是一种相互的社会关系,这种社会关系作为一个社会生活的整体,可以被看作是一组由点串联起来的线段,线段相互链接而成为关系网络。①② 东村正处在转型当中,渔民之间的传统关系不复存在,"无为政治""长老统治"和"礼制秩序"不再发挥影响,而新型关系尚未完全建立,渔民关系处在某种不确定之中。环境可持续发展视角的叠加,加速了传统关系的解体,促进了社会网络的重新建构。环境资源作为一种稀缺资源,其配置方式也遵循着社会变迁的规律。在现代性的冲击下,资源配置并非处在"真空状态"。

---

① 王小章.齐美尔论现代性体验[J].社会,2003(4).

② 王小章.现代性自我如何可能:齐美尔与韦伯的比较[J].社会学研究,2004(5).

渔民们必然会采取多种方式来实现自身的利益。本书将通过观察渔民环境治理行为,分析他们在联系趋减、逐渐"原子化"的情况下,是如何采取行为维护自己的环境权利,以及这些行为对村庄社会网络重构所带来的重要影响,从整体上把握东村社会网络变迁的复杂性与系统性。

第三,探求环境可持续发展视角介入下村庄秩序的转型特征。学者们对于村庄秩序转型的途径和归属存在着不同的看法。有的学者主张通过引入宗族制度和乡规民约、恢复乡村社区记忆来重塑乡村秩序,而有的学者则认为应该在传统乡村秩序中引入现代性要素,以现代性的标准来重新改造旧秩序。笔者认为,在日益复杂的社会环境下,必须融合以上两种思路,对环境可持续发展视角下的东村进行全方位观察。渔民的环境治理为观察村庄转型提供了一个有趣的视角,本书将从环境治理的视角观察东村社会关系重新调整与组合,通过环境治理来观察传统型社会关联与现代性社会关联在村庄的交融与渗透。

第四,分析环境资源的分配对村庄的阶层分化所带来的影响。环境资源的分配与村庄的阶层分化之间存在着关联。一方面,村庄的阶层分化对环境资源的分配起着重要的支配作用。以前,渔民的收入相差无几,但后来,一些渔民善于把握机会,经过多年的"历练",成为"养殖大户"和"经济能人"。这些经济占优的渔民慢慢积聚优质社会资源,将自己的社会网络与其他社会网络进行了衔接,在很大程度上左右了环境治理的走向与结局。另一方面,环境资源的分配对村庄的阶层分化起着催化作用。在环境资源分配所引起的社会网络互动中,默认的规范和义务逐渐产生,互惠交易得以实施,价值融合逐渐发生,信任关系得以建立,具有相似群体背景的渔民逐渐实现对行为规则的共同遵守。本书将关注环境资源的分配与村庄的阶层分化之间的相互关系,研究精英阶层渔民与非精英阶层渔民在环境治理方面所采取的不同行为策略以及这些行为给他们带来的差异性后果。

第二节　研究区域

一、自然环境

C 湖是长江以南低洼冲积平原上的一个大型湖泊。该湖水源来自水阳江、青弋江及长江水道,出水向西回流至长江。湖泊平均深度 1.7—2.4 米(最深处 6—8 米),最大蓄水量为 12.5 亿立方米。水位随长江水位波动。春季来临,水位缓涨,到了夏季,湖水浩荡,进入秋季,水位下降,冬季到达最低点,此时,大部分湖床裸露,形成大片的湖滩。C 湖水波连天,浩瀚无垠,烟波浩渺。

南宋诗人、江东转运副使杨万里来湖区视察,坚固的圩堤给他留下了十分深刻的印象。这些圩堤由渔民们堆砌而成,历史久远。每年农历二月汛期到来时,皖南山区的洪水下泻,水位暴涨,水流似万马奔腾,对圩堤形成冲击之势,可是坚固的圩堤却纹丝不动,慨然自若,洪水只得听从调遣,顺势流入 C 湖中。防汛本是件十分紧张的事情,而这里的渔民却相当轻松自在。

C 湖得名于一则凄美的传说:东海龙王三女儿爱上了湖边捕鱼青年,便私自来到人间与他成婚。龙王大怒,命虾兵蟹将兴风作浪,正在湖中劳作的青年不幸淹死。龙女悲痛不已,化作丹凤,撞死在湖边大山的岩石上。乡亲们被这对恩爱夫妻所感动,遂将青年的名字作为湖名。C 湖东南边还有两座小山,分别为蛇山和龟山,蛇山绵亘蜿蜒,龟山圆圆耸立。相传远古时代,C 湖每到汛潮,湖水漫溢,百姓深受水患,苦不堪言。大禹在 C 湖治理水患,辛苦劳作,为民解忧。龙王被大禹精神所感动,遂令龟蛇二将率虾兵蟹将协助大禹。蛇在前做先锋,疏通湖道;龟在后驮土筑堤,加固堤防。整整干了七七四十九天,终于大功告成,但龟蛇二将终因劳累过度,累死湖边,化作两山,当地百姓称其为龟山、蛇山。令人称奇的是,蛇山土色暗红,传说是蛇血所染;在龟山顶部有龟裂,跺脚则可闻"咚咚"之音,似为龟壳。

C 湖是华东地区重要的天然湿地之一,已经列入《中国湿地保护行为计划》中。C 湖物产丰富,历来是沿湖渔民的收入之源,它盛产各种水生动物,包括鲤鱼、鲫鱼、草鱼、青鱼、赤眼鳟、鳘条、长春鳊、翘嘴红鲌、细鳞、斜颌鲴、鱼鲢、黄颡鱼、九鳜、红螯蟹及银鱼等,主要水生植物有芡实、慈姑、茭笋、乌菱、四角菱等。成群的大雁、野鸭、天鹅每年悠闲往返,在湖面天空上自由翱翔,在湖滩上嬉戏觅食,一派喜悦景象。沿岸居民以渔业为生,湖中舟楫往来,樯桅如林,素有"日出斗金""日落斗银"之称。傍晚时分,归来的渔民们,唱起欢快的劳动号子,一人声起,众人唱和,歌声四起,响彻湖滨。

C 湖作为天然湿地,具有五个重要的生态功能:一是拦蓄洪水功能。C 湖上游为皖南山区,每到雨季,雨水集中下泻,C 湖作为重要蓄洪区,可以大量拦截山水,使下游的姑溪河、青山河、水阳江等安全度汛。二是抗旱功能。在雨水较少的年份,C 湖还承担着下游当涂、芜湖、宣城等数十万亩农田的抗旱用水和水产品养殖用水,以及数十万人口的饮用水源。三是调节气候功能。C 湖水面大,对于调节本地气候具有重要作用。四是珍稀候鸟的迁徙中转站功能。每到秋季,大批候鸟从遥远的北方南飞,在此中转歇息。每当候鸟来临,各种鸟儿盘旋湖面,蔚为壮观,常见的大天鹅、秋莎鸭、鸳鸯、灰鹤等,珍贵的丹顶鹤也曾在此出现。五是鸟类的乐园。C 湖湖区及周边地区分布众多大小不等的天然水体,其中最大的一块芦苇丛生的芦苇荡面积约 7 000 亩,是留鸟栖息繁衍的理想场所。据当地一位退休的中学生物教师连续多年观察记录,本地候鸟、留鸟多达 190 种,分属 17 个目、49 个科、4 个亚科,其中包括如丹顶鹤、中华秋沙鸭等珍稀越冬鸟类。

然而,从 20 世纪 90 年代中期开始,湖边兴起了不少企业,每年大量污水排入 C 湖,再加上生活污水和农业污染,往日千帆争流、渔歌唱晚的美景已经不复存在,湖泊水质持续下降。生态环境质量的下降不仅导致了渔业产量下降,渔民饮水困难,而且对于候鸟过冬也产生了巨大的影响。C 湖每年越冬时节都会有大量候鸟前来,但最近几年,候鸟数量急剧下降。笔者于 2014 年 9 月曾跟随一群"鸟友"①找了很久,才在一小块滩涂找到了少量的豆雁和绿翅鸭。野鸟协会的工作人员介绍:

> 几年前,放眼望去,湖面上到处是一群野鸭、野雁、野天鹅,它们聚集在湖区,混群而居。当船只靠近时,这些野鸭就受惊而飞起,黑压压一大群,在湖面飞行。这几年的情况就差很多了,各种鸟类的数量急剧下降。从目测的情况看来,今年的野鸭、野雁数量不足去年(2013)的一半。(访谈编号:2014 - 9 - 15 - ZF)

在 C 湖自然演化过程中,人们对湖泊滩地的开发利用加剧了湖面萎缩。众所周知,湖泊滩地土层深厚、土质肥沃、地势平坦、灌溉便利,是一种良好的土地资源,我国劳动人民自古就有利用湖泊滩地从事开垦种植的悠久历史,而 C 湖也列入其中。自三国两晋时期以来,民众为躲避战火,大量南迁,江淮流域各地围湖垦地纷起,与湖争地愈演愈烈。自新中国成立以来,特别是 20 世纪六七十年代初,C 湖四周沿湖围垦出现了一次高潮。自 20 世纪 80 年代以来,人们对生态环境的认识越来越深,管理法规也不断完善,沿湖围垦基本没有再发生,但沿湖的工业园区和生态旅游开发的项目蓬勃兴起,在一定程度上加重了湖泊污染,削弱了湖泊的调蓄功能,威胁着湖泊水利功能的正常发挥。

2011 年 5 月中旬,C 湖遇到了有史以来的最低水位,整个湖区几乎干涸。如果从湖边往湖中心走,大约要走一个小时,才能在湖中心看到仅仅剩下最后 20 米宽的航道。曾经碧波荡漾的湖水

---

① "鸟友",即爱鸟人士。

几乎消失殆尽,湖底的淤泥经过近一个月的暴晒,都已经干透了,汽车都可以在上面正常开行了。汽车驶过干涸的湖床,顿时尘土飞扬。有渔民告诉笔者,有的蟹农为了让螃蟹存活,特地跑到附近挖得较深的鱼塘买水。① 考虑到塘里也没什么鱼了,塘主一合计,一塘水估价 1.4 万元,全部卖给蟹农。刚一成交,蟹农赶紧架泵拖水管。但一塘水也只能坚持一周左右。还有渔民则花了六千多元,从湖的航道挖渠到自家池塘,用水泵抽水。笔者粗略统计了一下,沿着航道 1 千米以内,就架起了数十架正在抽水的水泵。有些渔民捞不到鱼了,只能靠打捞螺蛳维持生计。

在湖边的大沟圩村,一位年近九十的阿婆对笔者说:

> 我在湖边生活了一辈子,从来不会缺水喝,那些日子,湖水居然干枯了。打井队忙得很呢,要打到一百多米深才出水啊。(访谈编号:2012 - 6 - 15 - YM)

直到当年的 5 月 26 日 8 点左右,从长江引入的水源才流进了 C 湖。

二、经济环境

东村(化名)所处的 B 区,总面积 1 067 平方千米。截至 2015 年底,B 区辖 8 个建制镇、1 个国家级农业科技园区、1 个省级经济开发区、1 个省级旅游度假实验区、1 个国有农林场圃。设 28 个居民委员会(单独办公 16 个,12 个村委会增挂居民委员会牌子)、91 个村委会。2015 年末,B 区户籍人口 46.87 万,增长 4.1‰,其中,城镇人口 22.85 万人,城市化率 52.2%。

B 区是某省重要的农业科技基地和渔业产地、华东地区重要交通枢纽和物流中心、长三角地区制造业基地和现代化产业集聚

---

① 一些鱼塘挖得比较深,储水量相对较大。

区。B区有大批冶金、机械、电子、化工、纺织、服装、电子电器等行业的熟练工人,劳动力资源丰富。2015年完成地区生产总值420.6亿元,同比增长15.5%;财政总收入50.2亿元,同比增长17.8%;公共财政预算收入30亿元,同比增长20%;税收占比达80%,较上年提高8.5个百分点;完成全社会固定资产投资375亿元,同比增长28.6%;实现社会消费品零售总额109亿元,同比增长17%。

B区经济发展迅速。第一产业独占鳌头,溧水区农业已形成青梅、黑莓、蓝梅、草莓、茶叶、有机食品、中药材、花卉苗木、特种水产等一批特色农业生产基地。2015年,全年粮食产量28.46万吨,比上年增加1.82万吨,增产7.6%。全年粮食种植面积55.27万亩,比上年增加1.65万亩;油料种植面积16.5万亩,比上年减少0.99万亩。省级农业科技园的农业综合开发居某省前列。第二产业发展迅猛。B区是A市重要的制造业基地,工业上已形成汽车整车及零部件、食品与生物医药、轻工机械制造、新型材料等为重点的新型制造业体系。省级溧南经济开发区是B区开放开发的龙头,开发区内3条高速公路立交互通,专用码头经秦淮河、C湖直达长江,面积60平方千米。B区8个镇基础设施功能齐全,经济建设都各具特色。2015年,规模企业总数达到500家,其中亿元以上企业新增10家,达65家。完成增加值14亿元,增长4.2%。实现社会消费品零售总额59亿元,增长19.2%。第三产业不甘落后,2015年实现社会消费品零售总额95.73亿元,比上年增长25.3%。全年合同外资27 000万美元,实际利用外资14 530万美元,比上年增长22.4%。①②

东村是B区下属的一个普通渔村。村民大多以捕鱼为主,所捕鱼类大多为花鲢、白鲢、青鱼、螃蟹、鳝鱼等。东村的鱼产业链完

① http://baike.baidu.com/.
② B区统计年鉴2015年。

整,包括鱼类育种、良种繁育、标准化的养殖基地、规模化的加工厂,在全省都是独树一帜。在 C 湖,养殖花鲢、白鲢、青鱼等品种,每亩能赚到 2 000—4 000 元,如果套养其他特色品种(如黄鳝等),能赚到 5 000—8 000 元,收入翻番。网箱黄鳝养殖的效益是普通鱼类的好几倍,可达万元以上。近年来,东村渔民依托渔业养殖,积极拓展产业链,建立了现代渔业特色产业园区。正是渔民们对品质严苛追求,才让 C 湖的渔业在业内颇具口碑。

对于东村渔民来说,往往每年的 9—12 月是一年中最辛苦也是最幸福的时候。下面这段描述,是笔者调查笔记的一部分,记录了在这段时间内,几乎每天早上都会发生的场景:

通常早上 7 点不到,湖里的一些养殖基地就停了不少小渔船。渔民们坐在岸边,大多抽着十元一包的本地香烟,一边聊天,一遍等待着同伴的到来。经历着常年的太阳暴晒和风吹雨打,他们的肤色显得黝黑黝黑。还有一些妇女手拿编织袋,站立在岸边,准备买些便宜的鱼回去。

堤岸上,开来了数辆十吨位的大卡车。车主都是大鱼贩子,他们已经和渔民约好了,开着大卡车来收鱼,然后将这些鱼长途运输至杭州、上海等地的水产批发市场。他们的卡车是经过改装的,每辆卡车的车厢都被改装成专用 PVC 塑胶运鱼罐,内壁光滑不伤鱼。运鱼罐由箱盖、箱体、出气管、进气孔、输气管、水池、排废活动板等部件组成,在箱盖及箱体周边中间设置保温层,在箱盖与箱体密封处设置密封圈,箱体里一侧设置电池及充氧机,另一侧上端设储冰盒,盒下设置排废活动板及净化隔板,板下设喷气头。卡车车厢的后部,是两个大铁梯子,专门用来攀登卡车。

卡车边上,摆着几台磅秤和十多个颜色各异、大小不

同的塑料框子,这是用来称鱼的工具。每台磅秤边上,都
站着两名手拿笔和纸的人员,一名代表养殖户,另一名代
表鱼贩子,他们将分别记录鱼的数量和种类。他们的边
上,矗立着一个简易的牌子,上书各类品种的价格(2015
年):

花鲢批发价格:9.0元/千克(产品规格:1—1.5千
克),9.6元/千克(产品规格:1.5—2千克);白鲢批发价
格:6.4元/千克(产品规格:1—1.5千克),6.0元/千克
(产品规格:1.5—2千克)。此价格为自提批发价,养殖户
发货,一手货源,随行就市。有诚意者请联系本人。

随着养殖户的一声令下,渔民们纷纷踏上渔船,驶向
湖心。到了捕鱼点,渔民们分组从两侧开始拖拽大网。
虽然这项工作看起来又冷又累,不过渔民们的脸上却都
洋溢着幸福的笑容。渔网逐渐收拢,成群成堆花鲢、白
鲢、青鱼、鲫鱼等开始激烈地跳跃。捕获后,渔民根据大
小,将要销售的大鱼挑出,小鱼重新放回湖里,继续养殖。
渔船满载而归。渔民向我介绍,这一船鱼,大约有2 500
千克。

一旦渔船靠岸,妇女们就蜂拥而上,争相挑选,好不
热闹。她们往往能以低于市场价一元左右的价格买到
鱼,但数量一般会在三五条,不能买太多。鱼贩子和养殖
户都站在边上,笑而不语。等妇女们挑好鱼、付好钱,旋
即离开了。而渔民们就会将鱼儿分类放在不同的塑料框
子里,抬上磅秤,两名记录员几乎同时大声读出称重的结
果,读完后,鱼贩子就请人将这筐鱼抬上大卡车。每隔半
小时左右,就有一条渔船靠岸。渔船靠岸后,又会有其他
的妇女过来挑鱼、选鱼,然后鱼贩子和养殖户再来称重,
如此反复。

一直忙到中午,10吨的卡车基本载满,鱼贩子和养

殖户核对了鱼的数量、种类和价格,算出了整车鱼的最终价格,商定了打款方式和时间。一切妥当后,卡车随即发动,驶离了湖区,开往外地的水产批发市场;渔民们也纷纷离开,回家吃饭。湖边又恢复了平静。只有数只水鸟,在岸边寻找这遗落的小鱼小虾。(考察笔记:2014 - 9 - 15)

三、社会环境

东村是位于 C 湖东面的一个传统渔村。该村有两大家族:张氏家族和周氏家族。

张×堂,张氏家族的代表,62 岁,曾经当过中学教师,是村里"文化人",现已退休在家。张先生退休后一直帮家族整理族谱。关于张氏家族的历史,他说:

> 一千三百多年前,我们张家为了逃避北方的战乱,从宛城①出发,踏上了南迁遥远路途。张家本来打算前往升洲②,但当途径 C 湖时,发觉此地的水草丰美,适宜定居,便在此安顿下来。长者嘱咐儿孙在此地的最高地段③栽了一棵柳树,借此希望我族从此远离劫难、源远流长并弘扬光大。从此东村有了第一批常住居民。你看,这片柳树林,虽已八百多年高龄,但仍然老树新枝,繁盛无比。据族谱记载,自迁往 C 湖后,家族逐渐兴旺,并不断包容后来的移民,慢慢形成了现在的村落。(访谈编号:2012 - 9 - 15 - YM)

---

① 今河南南阳。
② 今浙江杭州。
③ 后命名为小南坪。

他展示了张氏家族的族谱,上书:

> 天宝末(指唐朝天宝十四年,即公元 755 年。笔者注),安禄山反(指三镇节度使安禄山与其党史思明,发动叛乱。笔者注),黄河流域遭到严重破坏,地方割据势力争权夺利,蛮夷乘虚入中原,两京蹂于胡骑,玄宗率部分臣僚逃入蜀中,百姓生灵涂炭,家园被毁,只好背井离乡,寻江东[①]安居之所。[②](访谈编号:2012-9-15-YM)

东村的另一个大家族是周家。周×生老人已经 90 高龄,周氏家族的代表。他在 1949 年前曾是读书人。老人除了听力不太好之外,其他都很正常,口齿清晰,思维敏捷。关于周氏家族的移民史,他娓娓道来:

> 钦宗靖康二年[③],金军强势攻击,徽、钦二宗被俘,北宋覆亡。这就是历史上所说的"靖康之变"。康王赵构逃到临安[④]宣布即位,建立南宋。广大沦陷区的人民也不堪忍受金朝贵族的统治和民族压迫,纷纷举族迁移,这真可谓是"中北士民,扶携南渡,不知几千万人"啊。大批王族、官员涌向南方荆湖、两浙等地,归于南宋。其中一支南迁的王族队伍在途经我们家乡景城郡[⑤]时,挑选了我们周家的几名劳力作为马夫,专事马匹管理与行李搬运,又挑了几名丫头,当作仆人使用。经过数月的奔波,由于旅途劳累,再加水土不服,周家的几名男女早已是身体赢

---

① 指江、浙一带。
② 东村张氏族谱。
③ 公元 1127 年。
④ 今浙江杭州。
⑤ 今河北沧州。

弱,举步维艰。正好队伍来到了 C 湖边,一士大夫赏给周家的这几名男女以白银些许,一是感谢他们的一路来的辛苦工作,二是鼓励他们在此安居,繁衍后代。(访谈编号:2012 - 9 - 15 - YM)

从历史渊源、家族发展、村庄角色来看,张家和周家均有很大的不同。张氏家族的人口总数虽然不如周氏家族,但在此居住的时间长于周氏家族。自古以来,村庄里的长老乡绅、读书之人大多来自张家,村庄里的大事小情,均由张姓的贤达出来协调规劝。最近几年,越来越多的张家人"转型"了,他们逐渐放弃捕鱼业或养殖业,开始从事第二或第三产业,经济实力变得雄厚。周氏家族人口最多,但大部分坚持第一产业(主要是渔业),经济实力不如张氏家族。

东村属于"融合性"村落,即血缘共同体和村落社区是高度一致的(另一种是"联合型"村落,它的行政治理机制往往分散在不同的宗族之间)。新中国成立后,新的国家政权极大地撼动着这片古老的土地,东村也不例外。1949 年,解放军派工作组进驻东村,协助建立了临时性质的"农民协会",替代了国民党的保甲组织而成为掌控地方的基层组织。1950 年,根据国家颁布的《乡(行政村)人民政府组织通则》《关于人民民主政权建设工作的指示》等法令,村一级不再设立政权,取而代之的是区、乡建制。1954 年通过第一部宪法后,乡成为主要的基层政权,东村设立了正、副村主任,由乡人民委员会成员兼任。至 1956 年社会主义改造结束,东村几乎所有的村民都参加了合作社,实现了"政社合一",东村村级组织开始拥有对土地、渔业以及其他主要生产资料的控制权。不可否认,这在中国历史上是一种全新的政治结构,它被称为"规划中的社会变迁",它对传统村落的历史发展产生了重要影响。从表面上看,东村渔民的生产生活都集中起来,实施了统一的管理,看似增强了联系,但实际上,这种联系是由行政命令强制执行的,不仅不具备合理地调节渔民利益的基本功能,反而加剧了渔民间的猜疑与隔阂。

第三节 理论视角、研究思路与方法

一、理论视角

研究方法大致可以分为宏观和微观两个层次。所谓宏观层次的研究方法,实际上是对研究途径的探讨,因而又被称为"研究途径"。它不同于具体的研究技术,而是所遵循的研究通则,因而它又被称为"理论"。所谓微观层次的研究方法,是指具体的研究技术,是从技术层面上出发的,比如实证研究方法、比较研究方法或文献研究方法,等等,实证研究方法又可分为个案研究、问卷调查研究和田野调查,等等。

（一）宏观理论视角

一直以来,"人类例外范式"（Human Exceptionalism Paradigm, HEP）的偏见被认为是这一种"常识科学"而存在,这成为环境与社会相互关系研究的主要障碍。卡顿（Catton W. R.）和邓拉普（Dunlap R. E.）否定了"西方传统世界观"和"人类例外范式",发展了一套比较含蓄的关于生态环境与现代社会发展相关的假设——"新生态范式"（New Ecological Paradigm, NEP）,从而引发了环境研究的范式转变。

卡顿和邓拉普发表的两篇文章,成为环境与社会相互关系研究的基石。第一篇是他们在《美国社会学家》（*The American Sociologist*）上发表的《环境社会学:一种新范式》。[①] 他们认为,无论是结构主义、功能主义还是符号论,都倾向于夸大社会与自然环境之间的差异,这阻碍了社会学家们从社会生态角度来合理地理解社会实践。他们进一步指出,人类社会当前面临着资源枯竭的

---

① Catton W R, Dunlap R E. Environmental Sociology: A New Paradigm[J]. The American Sociologist, 1978, 13(1): 41 – 49.

威胁。第二篇是他们在《社会学年刊》(*Annual Review of Sociology*)上发表的《环境社会学》。[①] 他们将环境社会学定义为一种特定的研究领域(a specific category of inquiry),它关注自然环境如何作用于(或被作用于)社会环境。自然环境与社会环境的共同性与交互性应当成为社会学家关注的对象。新生态范式强调生物圈的脆弱性和人类社会对生物圈的影响,呼吁人类社会减少对环境的影响与索取,主张在经济活动和环境保护之间建立一种平衡关系。卡顿和邓拉普所阐释的"新生态范式",突破经典社会学理论的方法论传统,在"社会与自然环境相互影响"这一前提下,鼓励人们重新认识环境问题是社会及社会学重要现象这一事实。新范式旨在通过现代社会日益扩大的生态影响来理解现代工业社会。

随后,卡顿和邓拉普在《美国行为学科学家》(*American Behavioral Scientist*)发表了"后现代社会学的新生态范式"一文。[②] 该文将西方社会学界对于主流世界观、人类例外范式及新生态范式的主要观点进行了详细的比较,清晰地显示了范式转变的详细过程(表1-1)。

表1-1 西方社会学界对于西方传统世界观、人类例外范式及新生态范式的比较

	西方传统世界观 (DWW)	人类例外范式 (HEP)	新生态范式 (NEP)
关于人性的假设	人类与地球上的其他生物有本质的区别	人类拥有基因遗传和文化传承,因而与其他物种之间存在显著差异	虽然人类具有一些独特的要素(如技术等),但人类与其他物种一起构成全球生态系统

① Dunlap R E, Catton W R. Environmental Sociology[J]. Annual Review of Sociology, 1979, 5: 243-273.

② Catton W R, Dunlap R E. A New Ecological Paradigm for Post-Exuberant Sociology[J]. American Behavioral Scientist, 1980, 24: 15-28.

（续表）

	西方传统世界观 （DWW）	人类例外范式 （HEP）	新生态范式 （NEP）
关于社会因果关系的假设	人类可以采取任何行为方式以达到他们的目标	社会和文化因素（包括技术）是人类社会的主要决定因素	人类社会不仅受社会和文化因素的影响，其发展也受制于复杂的自然网络
关于人类社会环境的假设	人类社会可以获取无尽的资源	人类事务取决于社会与文化环境，生态环境无足轻重	人类依存于生态环境，生态环境对人类事务施加外在的影响
关于人类社会环境的制约因素的假设	人类社会在发展过程中出现的每一个问题都会有相应的对策	社会与技术的进程能无限延续，任何社会问题均可得以解决	虽然人类的影响力会盛极一时，但最终逃离不了生态法则的约束

　　邓拉普认为，新生态范式为社会学家提供了社会学研究新景象。新范式认可了这样的事实，即虽然人类拥有不同于其他物种的特质，但他们仍然摆脱不了生态的限定，并且逃离不出自然法则的束缚。新范式将会促使我们把人类看作是生态系统的一个构成部分，人类的存在将最终取决于这套生态体系的持续完整性。①

　　格拉姆林（Gramling R.）和佛洛依登堡（Freudenburg W. R.）总结了这个时期环境社会学的3点成就：① 社会学家们克服了以前对于自然环境变量的抵触心态，取而代之以一种"值得尊敬"的社会学分析方法；② 社会学家们逐渐认识到环境资源的有限性，意识到这种有限性不仅表现为人们主动地忽略环境资源走向枯竭的现实，而且表现为人们倾向于从自身的角度来定义当前

　　① Dunlap R E. Paradigmatic Change in Social Science：From Human Exemptions to an Ecological Paradigm[J]. American Behavioral Scientist，1980，24：5－15.

的环境态势;③ 社会学家们逐渐理解了人类行为与环境变迁之间的常规的、必然的联系。①

（二）微观理论视角

巴特尔（Buttel F. H.）认为,虽然经典社会学的中心话题并不是自然环境,但经典社会学家为环境的社会学分析奠定了深刻的理论基础。② 经典社会学的代表人物马克思、韦伯和迪尔凯姆（Durkheim E.）做出了重要的贡献。

马克思主义政治经济学主要关注的问题是环境衰退的社会根源以及社会-环境的辩证关系。关于环境衰退的社会根源,马克思主义政治经济学认为,经济发展必然导致自然资源的加速使用,因而不可避免地造成环境问题。环境问题的积累又限制了经济的进一步增长。为追求利润的增加,某个行业的生产厂家将会推动技术的进步,技术的进步将会导致产量与消费的同步的增加。关于社会-环境的辩证关系,马克思认为,自然不仅是劳动的对象,还是劳动的产物。在对自然的改造中,人类以技术为手段,从单一的工具、技能、技巧发展到具有庞大规模的技术体系,深入人本身所无法直接触及的自然领域,使人类从完全依赖于自然、顺从于自然的被动地位中解脱出来。③

虽然很少有人将韦伯与环境研究联系起来,但有关学者的研究表明,韦伯的思想深处隐藏着两种与环境相关联的思想:第一,系统的"人类生态学"思想,也被称之为"新韦伯主义视角"。目前,对于

① Gramling R, Freudenburg W R. Environmental Sociology: Toward A Paradigm for the 21st Century[J]. Sociological Spectrum: Mid-South Sociological Association, 1996, 16(4): 347-370.

② Buttel F H. Environmental Sociology: A New Paradigm?[J]. American Sociologist, 1978, 13: 252-256.

③ 马克思,恩格斯. 马克思恩格斯全集(第三卷)[M]. 北京:人民出版社,1956:52.

韦伯与环境之间关系的最突出的研究来自墨菲(Murphy R.)。[1][2][3]
墨菲认为,虽然新韦伯主义视角本身并没有深入分析社会行为与
自然进程之间的关系,但韦伯至少通过以下 4 点暗示了环境问题
与社会治理之间的存在:① 人类社会已经被囚禁在他们自己制造
的牢笼之中;② 社会进程与自然进程同属于"合理化"范畴,但两
者的交互效应呈现某种复杂的状态;③ 人类社会,无论以何种形
态存在,都将受到自然环境以及其"合理化"发展的影响;④ 在特
定的社会关键时期,自然环境极有可能成为重要的社会变迁的动
因。第二,"折射效应"。韦伯认为,环境的因素通过文化的棱镜得
以折射,来反映环境与文化的联系。他强调人类已经成为机器的
仆人,并且自然资源的有限性已经成为工业资本流通的障碍,所谓
"技术控制自然"的思想是人类对自然规律的认知缺陷。[4][5][6]

　　迪尔凯姆则非常明确地强调了人类与自然之间的必然联系。
他指出,人类依赖于三种类型的环境:生物机体(自身)、外部世界
(自然)以及社会。他进一步阐释了社会进化的两个阶段,即机械
联系阶段和有机联系阶段。区分这两个阶段的正是劳动分工的出
现,而劳动分工的出现正是人口增长和资源竞争的必然结果。虽
然迪尔凯姆认为社会事实必须用其他社会事实来进行解释,而且
不能还原为生物因素或心理因素,但他还是对环境因素给予了充

　　① Murphy R. Rationality and Nature[M]. Boulder, Colo: Westview Press, 1994.
　　② Murphy R. Sociology and Nature[M]. Boulder, Colo: Westview Press, 1997.
　　③ Murphy R. Ecological Materialism and the Sociology of Max Weber[C]//
Sociological Theory and the Environment: Classical Foundations and Contemporary
Insights. New York: Rowman & Littlefield, 2002: 73 - 89.
　　④ 苏国勋. 从韦伯的视角看现代性——苏国勋答问录[J]. 哈尔滨工业大学学报
(社会科学版),2012(2).
　　⑤ 韦伯. 韦伯作品集(Ⅰ):新教伦理与资本主义精神[M]. 康乐,简慧美,译. 桂
林:广西师范大学出版社,2005:47.
　　⑥ 韦伯. 韦伯作品集(Ⅷ):宗教社会学[M]. 康乐,简慧美,译. 桂林:广西师范大
学出版社,2005:47.

分的重视。① 例如,迪尔凯姆的《社会分工》一书中有关社会和环境关系的宏观分析就是佐证。他在该书中强调了人口密度的增加对于社会分工复杂化和资源争夺的推波助澜的作用。这个观点奠定了人口生态学的基本理论基础。

进入 20 世纪以来,欧洲的社会学研究的中心地位开始动摇,但其学术精神并没有消亡,而是转移到了美国。美国的社会学研究的中心地位由于互动理论、功能理论以及反主流社会学传统的治理理论、交换理论和现象理论等得以加强。后来欧洲的法兰克福学派的兴起,也没有扭转社会学研究的迁移趋势。社会学转移的一个直接后果是环境社会学开始孕育形成,其突出标志是 20 世纪 30 年代芝加哥学派的成立,他们对城市发展进程中环境与社会的关系进行了思考,开创了环境社会学思想的先例。进入 20 世纪 60 年代,公众逐渐开始关注环境问题,公众环保运动开始发展,于是,社会学家对社会与自然环境的关系以及公众在环境问题上的看法与行为产生了兴趣。

二、章节安排

按照研究思路,全书分为 6 章。

第一章为"绪论"。该章节分析了中国水污染现状及其影响。笔者以 C 湖湖畔的东村为例,记录该村由传统渔业村落向现代乡村社会过渡的过程中所遭受的环境挑战,探讨环境治理对于渔民网络、渔村秩序、社会结构所带来的影响。该部分对研究区域的自然环境、经济环境和社会环境进行了介绍,并且对研究的理论视角、研究思路与方法进行了总体说明。

第二章为"文献回顾"。这部分分为国外环境治理研究和国内环境治理研究。在国外环境治理研究方面,笔者从制度视角、可持

---

① 王林平. 作为感性共通感和感性制度权威的集体表象——迪尔凯姆现代性问题解决方案的理论核心论析[J]. 江海学刊,2010(5).

续发展视角、公正视角、性别视角和社会资本理论视角五个方面对环境治理进行了回顾；在国内环境治理研究方面，笔者从计划经济时期的集体沉默与柔性治理、改革开放初期的民企对抗与利益争夺以及改革加速期的环境治理三个方面进行了总结。

第三章为"渔民之间：环境可持续发展视角下的差序礼仪与村治体系"。该章节主要涉及渔民之间的环境利益争夺。笔者从环境可持续发展视角初现、环境可持续发展视角中的渔村秩序以及环境可持续发展视角中的渔村社会重构三个方面进行分析。在环境可持续发展视角初现方面，笔者主要提及了环境下降的开始和选举前的沟通与协调；在环境可持续发展视角中的渔村秩序方面，笔者谈到了新村主任上任的困难与希望；在环境可持续发展视角中的渔村社会重构方面，笔者主要从差序礼仪的重构、村治体系的重构、环境治理和治理环境四个方面进行了阐述。

第四章为"渔民与政府：环境治理中的跨层挑战与治理"。该章节主要从个体治理的抉择、集体环境行为的解体和环境治理中的跨层挑战三个方面进行论述。在个体治理的抉择方面，笔者选取了堵门与个体环境行为两个事件；在集体环境行为的解体上，笔者选取了治理的艺术与治理的意外两个方面进行描述。

第五章为"渔民与企业：环境治理中的社会网络与社会资本分析"。该章节主要从治理中的社会关系、渔民与企业的社会网络互动和渔民与企业之间的社会网络重构与资本跨层治理三个方面进行论述。对企业老板的社会资本、渔民社会资本以及资本之间的跨层治理等方面进行了探索。

第六章为"回顾、结论与展望"。该章节包括环境治理的回顾、结论和研究展望三个部分。笔者从家族关系的变化、乡规民约的淡化、村治体系的嬗变和社会资本的波动四个方面进行了分析；在最后的研究展望方面，笔者提出了未来可能的研究方向，即环境治理中的村治体系内外的治理机制平衡、网络与资本互嵌合农村社会变迁新动向。

第二章

文献回顾

环境治理研究始于 20 世纪 50 年代的西方主要发达国家。二战结束后,稳定的社会环境为西方发达国家的工业发展提供了良好的契机,但是过度发展所带来的是不断下降生态环境和风起云涌的环境运动。为了减轻污染和降低成本,西方发达国家开始不断地向发展中国家输出工业。发展中国家的经济开始加快发展,但随之而来的也是日益严重的污染问题。环境治理也从发达国家转向发展中国家。

在过去的 30 年中,环境治理研究已在社会科学领域内取得极大的进展。[1][2][3] 以"环境治理"(Environmental Movements 或 Environmental Actions)为关键词,在 Proquest、Science Direct 等主流数据库中进行检索,笔者发现,在 1979 年以前,相关文章总计为 119 篇;1980 年到 1999 年,其总数已经上升到 926 篇;2000 年至 2015 年间,文章数量猛然上升至 4 230 篇。自 20 世纪 90 年代中期开始,国内的环境社会学研究也从无到有、从弱到强地发展起来了。本章对国内外关于环境社会学(特别是环境治理与社会关系建构之间的关系)进行了全面的梳理与归纳。

---

① 张玉林.环境抗争的中国经验[J].学海,2010(2).

② 吴阳熙.我国环境抗争的发生逻辑——以政治机会结构为视角[J].湖北社会科学,2015(3).

③ 张君.农民环境抗争、集体行为的困境与农村治理危机[J].理论导刊,2014(2).

第一节　国外环境治理研究

一、制度视角下的环境治理研究

在贝克（Beck U.）看来，生态现代化过程中的环境制度安排包括3个方面：环境改革中的政治体制转型、科技在环境可持续发展视角管理中不断变化的角色以及跨国家政治架构的出现。[①]他的研究并不是简单地提倡一个更合理和更民主的环境危害的分配方式，而是希望建立一个应对环境危害的全局性的社会系统，这就是所谓的可持续发展的环境制度。民众的环境治理在这个可持续发展的环境制度中起着不可忽略的作用。[②]

社会学家们强调了民众参与机制在未来环境制度中的重要作用。皮特隆（Pintelon O.）等考察了西欧福利国家的投资模式与环境保护之间的相互关系。他们通过使用"欧盟收入与居住条件数据库"（The European Union Statistics on Income and Living Conditions，EU-SILC）的数据，分析了社会分层对于环境可持续发展视角规避的影响程度。文章指出，这些欧盟国家的投资模式考虑了传统社会分层的持久影响，并注重整个社会的机会均等与环境公平。在这种条件下，公民的环境运动主要表现为环境组织的全方位参与和与公民个人责任相匹配的社会流动。[③]乔佩克（Čapek S. M.）则对环境制度框架的设计提出了设想，他认为普

---

① Beck U，Giddens A，Lash S. Reflexive Modernization：Politics，Tradition and Aesthetics in the Modern Social Order[M]. Cambridge：Polity，1994.

② Beck U. World Risk Society as Cosmopolitan Society：Ecological Questions in a Framework of Manufactured Uncertainities[J]. Theory，Culture and Society，1996，13(4)：1－32.

③ Pintelon O，Cantillon B，Bosch K V，Whelan C T. The Social Stratification of Social Risks：The Relevance of Class for Social Investment Strategies[J]. Journal of European Social Policy，2013，23：52－60.

通民众在其环境权利得到尊重的同时,也应该有机会获得参与环境决策的民主治理机制。该框架倡导的是环境管理治理机制的"平等性",这一点与以往只是强调环境灾难有很大的不同。①

关于环境政策在环境管理中的角色,历史上一直存在着两种截然不同的观点。第一种观点认为,科学技术发展所带来的社会可持续发展视角愈加复杂与多样,科学技术在某些情况下失去控制(如战争中核武器的使用、深海石油钻探中海底石油的泄露等),都将成为人类社会所面临的可持续发展视角;第二种观点则赞同不断兴起的科学技术在应对环境可持续发展视角事件方面起着不可替代的作用。现在,越来越多的社会学家则倾向于一种全新的观点:科学知识、科学家以及相关机构在环境管理过程中可以承担特定的、适当的责任。例如,莫里森(Morrison D. E.)专门研究了倡导"生产技术适当性"(Appropriate Technology, AT)的环境运动的发展与影响②;盖尔(Gale R. P.)则探讨了环境治理组织的派别与结构对于环境治理结果的影响③;施奈伯格(Schnaiberg A.)以"适当性"为出发点,探讨了环境治理运动所具备的三大要素:① 自然资源使用的适当性,即合理使用自然资源;② 生产技术的适当性,即不要使用不恰当的技术或生产力量;③ 社会关系的"适宜性",即以适当的环境治理实现环境改善,同时维系社会团结和公正。他还指出,未来的环境治理将从道德抗议转向政治诉求与

---

① Čapek S M. The "Environmental Justice" Frame: A Conceptual Discussion and an Application[J]. Social Problems,1993,40:5-24.

② Morrison D E. Soft TechIHard Tech, Hi Tech/Lo Tech: A Social Movement Analysis of Appropriate Technology[J]. Sociological Inquiry,1983,53(2/3):221-248.

③ Gale R P. The Environmental Movement and the Left: Antagonists or Allies?[J]. Sociological Inquiry,1983,53(2/3):180-198.

经济变革,从而有可能导致社会秩序的重构。①

从更广泛的区域来看,全球范围的环境不公造成了跨越国界的环境治理。以废弃物的跨国运输为例,克拉普(Clapp J.)和佩洛(Pellow D. N.)对社会经济领域内不断增长的驱动力量是如何促进有害废弃物的全球运输进行了研究。②③ 那些进口废弃物的国家或地区往往处在地理或经济的边缘地带,而且这些地区的人口多由有色人种构成。再以气候变化为例,罗伯茨(Roberts J. T.)、霍纳(Hoerner J. A.)、布拉德(Bullard R. D.)等学者认为,全球气候变化为观测全球环境不公提供了一种可能性,欧盟、美国、加拿大、澳大利亚等发达国家应该对全球大部分的碳排放负责。虽然发展中国家(大部分位于南半球)只负责较少的碳排放,但他们却承担着全球环境退化的恶果,包括海平面上升、极端气候、农作物减产、高死亡率以及更高的能源消耗水平。④⑤⑥

二、可持续发展视角下的环境治理研究

可持续发展视角,意味着不确定性,预示着可能的危险或危

①　Schnaiberg A. Redistributive Goals Versus Distributive Politics：Social Equity Limits in Environmental and Appropriate Technology Movements［J］. Sociological Inquiry，1983，53(2/3)：201－218.

②　Clapp J. Toxic Exports：The Transfer of Hazardous Wastes from Rich to Poor Countries［M］. Ithaca，NY：Cornell University Press，2001.

③　Pellow D N. Resisting Global Toxics：Transnational Movements for Environmental Justice［M］. Cambridge，MA：MIT Press，2007.

④　Roberts J T. Psychosocial Effects of Workplace Hazardous Exposures：Theoretical Synthesis and Preliminary Findings［J］. Social Problems，1993，40：74－87.

⑤　Hoerner J A，Robinson N A. Climate of Change：African Americans，Global Warming，and a Just Climate Policy［M］. Oakland，C A：Environmental Justice and Climate Change Initiative，2008.

⑥　Bullard R D，Wright B. The Wrong Complexion for Protection：How the Government Response to Disaster Endangers African American Communities［M］. New York：NYU Press，2012.

害。气候变化、污染、荒漠化、禽流感、局部战争等全球性可持续发展视角威胁的存在表明,可持续发展视角已经成为当代社会不可避免的境遇。可持续发展视角包括技术可持续发展视角和自然灾害等。技术可持续发展视角通常包括核反应堆熔毁、有毒物泄漏、工业设备爆炸和石油泄漏等。自然灾害通常包括地震、飓风、热浪、洪水和泥石流滑坡,等等。

较早的可持续发展视角研究专注于这些可持续发展视角事件对相关地区的影响。此类研究大多数都着眼于"灾难调节模式",通常将灾难看作纯自然的过程,注重个体或社区是如何进行调整以应对危害。随着可持续发展视角研究的进展,社会学家从只注重环境可持续发展视角的外部影响,转到采用新型的合法化的社会模式来解释可持续发展视角问题。① 通过对现代化后果的分析,吉登斯(Giddens A.)将可持续发展视角分为"外部可持续发展视角"和"制造出来的可持续发展视角"。前者是指因自然的外部性、不变性和固定性所带来的可持续发展视角,如地震、火山、台风等;而后者则指人类社会不断发展的知识与实践所产生的后果,如污染、海平面上升,等等。现代社会可持续发展视角更多的是由于人类实践本身的发展所导致的。正如吉登斯所说:"在现代社会中,时间与空间的层级相分离,局部与整体的社会构造被延伸。人造可持续发展视角到来了,而现代社会并没有消逝;依然存在的现代化因此而获得了新的涵义。"② 贝克则赋予了"可持续发展视角"社会哲学的涵义:现代社会的可持续发展视角已经不再是传统社会中人们所认可的自然灾害、传统威胁的意义了。③

环境可持续发展视角逐渐成为社会学家关注的焦点。费雷

---

① Rudel T. How Do People Transform Landscapes? [J]. American Journal of Sociology,2009,115 (1):129-154.

② Giddens A. The Consequences of Modernity[M]. Cambridge:Polity Press, 1990.

③ Beck U. World Risk Society[M]. Cambridge:Polity Press,1999.

(Frey J. H.)叙述了美国核废料埋藏地点的决定过程。[①] 1986 年，美国政府拟在内华达州的尤卡山、华盛顿特区的汉福德以及得克萨斯州的戴夫·史密斯县这三个地点中选择一处作为核废料的埋藏地点。经过多方博弈，地点最后选定在尤卡山。文章探讨了当地公众的可持续发展视角意识以及他们所采取的行为，反映了治理机制在针对可持续发展视角的任何博弈中所扮演的关键角色。沃尔什(Walsh E.)等研究了社会环境运动对垃圾焚烧厂的不同影响。[②] 在全国性、区域性和地方性的"反焚烧运动"中，民众强调，垃圾分流与回收计划应该与垃圾焚烧厂的设置相匹配。如果垃圾被分流与回收，则可能会导致用于焚烧的垃圾减少。为了使垃圾焚烧设备得以持续运转，垃圾焚烧厂可能引入外来垃圾进行焚烧。许多反对者还坚持认为，现代化的焚化炉释放毒素进入大气层，并将有毒残留物埋葬于当地，这将对当地的环境产生巨大的影响。笔者指出，环境治理的结局各有不同，有的环境运动成功地影响了对焚化炉的设置，而有的环境运动却没有达到目的，这与治理群体的组织结构、成员构成、内部意见分歧、资源获取等有很大的关系。拉德(Ladd A. E.)等通过实证研究的方法探索了美国20 世纪 80 年代初反核电治理中的"多元性"与"一致性"。[③] 所谓"多元性"，指的是民众对于核电的治理源于多种不同的理由。而所谓"一致性"，表现在两个方面：其一，反核电参与者一致主张用清洁能源取代核电站；其二，反核电参与者在环境意识、环境价值、

---

① Frey J H. Risk Perceptions Associated with a High-Level Nuclear Waste Repository[J]. Sociological Spectrum: Mid-South Sociological Association，1993，13：139－151.

② Walsh E，Warland R，Smith D C. Backyards，NIMBYs，and Incinerator Sitings：Implications for Social Movement Theory[J]. Social Problems，1993，40：25－38.

③ Ladd A E，Hood T C，Van Liere K D. Ideological Themes in the Antinuclear Movement：Consensus and Diversity[J]. Sociological Inquiry，1983，53(2/3)：253－270.

运动参与等方面具有极大的相似性,反映了美国主流社会的环保思潮。

环境可持续发展视角的加剧导致环境治理的不断出现。戴恩斯(Dynes R. R.)指出,政府通常错误地认为,民众是具有"依耐性"的,应当依靠政府所制订的一系列减灾计划,难民应该"无条件"执行这些计划,不应该脱离政府计划而采取行为。正是由于政府减少甚至拒绝与民众对话,民众的环境治理呈现愈演愈烈的态势。戴恩斯认为,政府只有强化对话机制,制订合乎地方知识的计划,才能实现灾害恢复。[①] 有影响的研究还包括:戴尔(Dyer C. L.)分析了阿拉斯加地区原油泄漏的环境影响和环境治理[②];贝利(Bailey C.)和福佩尔(Faupel C. E.)研究了危险废弃物的处置与社区的环境治理[③];利宝(Liebow E.)等研究了公众对有害废弃物的处置(焚烧或填埋)的态度与行为[④];卡姆(Kam C. D.)和西马斯(Simas E. N.)分析了社会个体的可持续发展视角定位与政策偏好之间的关系。研究发现,具有较高可持续发展视角接受性的个人更容易接受未知环境后果。[⑤]

[①]　Dynes R R. Disaster Reduction: The Importance of Adequate Assumptions About Social Organization[J]. Sociological Spectrum: Mid-South Sociological Association, 1993, 13: 175 - 195.

[②]　Dyer C L. Tradition Loss As Secondary Disaster: Long-Term Cultural Impacts of the Exxon Valdez Oil Spill[J]. Sociological Spectrum: Mid-South Sociological Association, 1993, 13: 65 - 88.

[③]　Bailey C, Faupel C E. Movers and Shakers and PCB Takers: Hazardous Waste and Community Power [J]. Sociological Spectrum: Mid-South Sociological Association, 1993, 13: 89 - 115.

[④]　Liebow E, Branch K, Orians C. Perceptions of Hazardous Waste Incineration Risks: Focus Group Findings[J]. Sociological Spectrum: Mid-South Sociological Association, 1993, 13: 153 - 173.

[⑤]　Kam C D, Simas E N. Risk Orientations and Policy Frames[J]. The Journal of Politics, 2010, 72(2): 381 - 396.

三、公正视角下的环境治理研究

根据布拉德的定义,环境公正(Environmental Justice)是指在共同的环境法规下,不同的人群(或社群)在环境、资源、健康等方面都有权获得同等的保护以及环境权利与义务的均衡分布。[①] 对环境公正的研究始于 20 世纪七八十年代。当时的美国社会学家注意到,与其他群体相比较,贫困社区、种族社区以及边缘群体更容易受到环境危害的消极影响。1990 年代,学者们除了研究工业废弃物的不均衡分布特征外,费伯(Faber D.)、格兰特(Grant D.)等还把更多的眼光投向了促使这种不均衡分布的体系运作过程,如国家或地区范围内环境政治势力的博弈。[②][③]

环境公正本质是社会问题,而非单纯的环境问题。罗伯茨强调,社会不公会导致或加剧环境不公,而环境不公往往引发或放大社会不平等,这正是环境的社会维度的体现。[④] 某些特定的群体(如当权者或富人)往往将可持续发展视角施加于另外一些群体(如无权者或穷人),研究揭示了治理机制与财富的不平等对于环境不公的影响。例如,经济边缘群体往往因为经济开发区建设等原因被驱逐出他们世代居住的土地、受教育程度低的群体没有能力使用环境友好型材料和技术、政治地位低下的群体通常被整体地排除在环境决策之外。

① Bullard R D. Symposium: The Legacy of American Apartheid and Environmental Racism[J]. St John's J Legal Comment, 1996, 9: 445 - 474.

② Faber D. The Struggle for Ecological Democracy: Environmental Justice Movements in the United States[M]. New York: Guilford, 1998.

③ Grant D, Trautner M N, Downey L, Thiebaud L. Bringing the Polluters Back In: Environmental Inequality and the Organization of Chemical Production[J]. American Sociological Review, 2010, 75: 479 - 504.

④ Roberts J T. Psychosocial Effects of Workplace Hazardous Exposures: Theoretical Synthesis and Preliminary Findings[J]. Social Problems, 1993, 40(1): 74 - 87.

环境公正视角的环境治理研究一直专注于记录和解释不平等的危害(如垃圾填埋场、焚化炉,以及污染工厂的影响)对于边缘化社区(如少数族裔、有色人种等)的消极影响以及这些群体对于环境危害的治理。布拉德通过实证的方式研究了休斯敦地区垃圾填埋场地的选择,发现大多数的垃圾填埋场靠近黑人社区和学校,垃圾填埋场不仅危害周围环境,而且还占用了所谓"廉价土地",迫使黑人社区搬离该地,寻找更加偏远的居留地。[①] 政府部门对这种安排并没有做出明显的改变,由此引起的环境治理运动将会在未来不断加剧,促使政府重新布局垃圾填埋地点、改变垃圾回收和填埋方式等。林奇(Lynch B. D.)对环境公正的框架和应用进行了探索。[②] 当地区民间环保组织逐渐发挥其地区影响并参与全美的环保运动时,他们对美国环境治理的策略、方式、进程都产生了深刻的影响。这些草根组织代表的是经济上较为边缘化的群体,因此,他们的治理更能体现环境公正在不同群体之间的体现。从这个意义上说,环境治理正是在环境公正框架下公民与国家的对话。罗伯茨通过对有害工作环境对工人的心理和行为的影响进行了研究,指出工人希望通过环境治理来拒绝进入有害工作场所,且不用担心被雇主解雇。研究者强调国家应该在就业制度的设置方面为工人提供享有健康工作环境的治理机制。[③] 卢岑希瑟(Lutzenhiser L.)和哈克特(Hackett B.)对二氧化碳的排放对于社会分层的影响以及各阶层在对付环境下降所做的环境治理进行了研究。研究者认为应该设立相应的碳排放标准,使得各阶层承

① Bullard R D. Solid Waste Sites and the Black Houston Community [J]. Sociological Inquiry,1983,53(2/3):274-288.

② Lynch B D. The Garden and the Sea: U. S. Latino Environmental Discourses and Mainstream Environmentalism[J]. Social Problems,1993,40:108-112.

③ Roberts J T. Psychosocial Effects of Workplace Hazardous Exposures: Theoretical Synthesis and Preliminary Findings[J]. Social Problems,1993,40(1):74-87.

担相应的环境后果,同时设置治理协调机制,解决相应的环境治理。[①] 桑讷菲尔德(Sonnenfeld D. A.)研究公共环境政策、工业生产以及废弃物排放的社会影响,关注与环境污染与环境灾难相关的社会不公正,探索社会抗议、媒体覆盖、政府环境规制行为之间的因果关系。[②]

四、性别视角下的环境治理研究

性别与环境之间的关系正成为研究热点之一。该研究最重要的变化是:放弃了关于性别与环境的简单政策分析(其素材主要来自世界银行、联合国各相关机构以及国际非政府组织),逐渐远离本质论(Essentialism)以及早期的"生态女权主义"(Ecofeminism)。

目前,相关研究主要涉及以下三个方面:① 性别关系在社会-环境关系方面的作用。斯特茨(Stets J. E.)和伯克(Burke P. J.)认为性别认同在本质上是一种角色认同,即性别被赋予了一种社会结构上的意义,个体往往根据角色认同模式来调节他们在社会结构中的行为方式。[③] 阿加瓦尔(Agarwal B.)通过对印度土地关系的性别分析,展示了性别关系是如何影响女性对于土地的获取以及女性的治理对于印度土地改革法案的影响。[④] 利奇(Leach M.)和费尔赫德(Fairhead J.)探索了几内亚花园耕种的性别差异,展示不断变化的性别关系对当地环境变迁的影响,以及女性在

① Lutzenhiser L, Hackett B. Social Stratification and Environmental Degradation: Understanding Household CO_2 Production[J]. Social Problems, 1993, 40: 50 - 73.

② Sonnenfeld D A. Contradictions of Ecological Modernisation: Pulp and Paper Manufacturing in South-east Asia[J]. Environmental Politics, 2000, 9(1): 235 - 256.

③ Stets J E, Burke P J. Gender, Control, and Interaction[J]. Social Psychology Quarterly, 1996, 59: 193 - 220.

④ Agarwal B. A Field of One's Own: Gender and Land Rights in South Asia [M]. New York: Cambridge University Press, 1994.

土地获取上所进行的各种沟通与协调。① 贝尔(Bell S. E.)和布朗(Braun Y. A.)的研究表明,虽然女性已经在环境公正运动领域里取得了一定的领导权,但她们的活动范围往往限于社区范围,却未能投入更广泛的政治交际之中。② ② 环境治理中的性别定位研究。里奇韦(Ridgeway C. L.)等学者认为,性别可以从宏观和微观两个层面进行理解。所谓宏观层面,即指性别作为社会结构的一个变量,会影响人们在环境治理中行为;所谓微观层面,即指性别作为一种身份认同,会影响自我意义的形成,从而影响其环境选择和环境治理。但值得注意的是,性别模式化并不是必然的选择。当某个个体将自己定位为"女性",她不一定将自己固定在女性的模板上(如被动化、感情化),而有可能倾向于男性化(如命令与决断),从而在环境治理上选择出人意料的模式。因此,无论是宏观还是微观的视角,对于性别的社会期待会影响自我认同与环境行为。③④ ③ 女性的直接利益与环境利益之间的相互关系。伯金汉姆(Buckingham S.)和库尔(Kulcur R.)认为,因为女性往往在一些有毒的场所居住和工作,因此她们对于歧视性的环境政策有更为深刻的认知。但由于她们往往处于较小的社区或组织,而且受制于自身的生计,所以她们的环境治理的社会影响力相当有限。⑤ 杰克逊(Jackson C.)对津巴布韦南部的女性进行了研究,认

----

① Leach M, Fairhead J. Ruined Settlements and New Gardens: Gender and Soil Ripening Among Kuranko Farmers in the Forest-Savanna Transition Zone[J]. IDS Bull, 1995, 26: 24 - 32.

② Bell S E, Braun Y A. Coal, Identity, and the Gendering of Environmental Justice Activism in Central Appalachia[J]. Gender & Society, 2010, 24(6): 794 - 813.

③ Ridgeway C L. Gender, Status, and the Social Psychology of Expectations [M]//Theory on Gender: Feminism on Theory. New York: Aldine De Gruyter, 1993.

④ Stets J E, Burke P J. Femininity/Masculinity[M]//Encyclopedia of Sociology. New York: Macmillanm, 2000.

⑤ Buckingham S, Kulcur R. Gendered Geographies of Environmental Justice [M]//Spaces of Environmental Justice. Hoboken, NJ: Wiley-Blackwell, 2010.

为在非政府组织和多边环境机构里面,女性的直接利益与环境利益存在共同边界,而且贫穷的女性特别依赖于这种日常的劳作,她们会成为环境下降的最先受害者。① 尤基斯(Joekes S.)等认为,对于环境治理的定义与看法,不仅不同的社会与文化对于此问题有不同的看法,性别的不同也会导致认识上的差异②;莫海(Mohai P.)、戴维森(Davidson D. J.)和佛洛依登堡分别回顾了已有的性别与环境之间关系的研究,认为性别应该被当作一种影响因素而存在,并且女性在环境治理的方式选择上比男性更为敏感。③④

五、社会资本视角下的环境治理研究

布迪厄(Bourdieu P.)和科尔曼(Coleman J. S.)是社会资本理论的创始人。布迪厄的资本理论(Theory of Capital)和科尔曼的理性选择理论(Rational-Choice Approach)成为社会资本理论的重要基础。根据布迪厄的定义,社会资本涉及内嵌在网络中的资源,网络中的个体可以利用这种资源,实现其个人的愿望、抱负或理想,而这样的网络或多或少已经制度化。当然,对于那些没有拥有这样的网络的个体,则无法利用这种网络。社会关系网络作为一种客观的资源,它是一种潜在的资本,但当它被行为者加以利用并产生效益时,它便成为现实的资本,即社会资本。科尔曼则认为,社会资本是以一种体制化的形式出现的,并不是一种随机的、偶然的联系,而是存在于行为者之间长期的、稳定的联系之中,这

---

① Jackson C. Gender Analysis and Environmentalisms[M]//Social Theory and the Global Environment. New York: Routledge, 1994.

② Joekes S, Leach M, Green C. Gender relations and environmental change[J]. IDS Bull, 1995, 26(S1): 102 – 113.

③ Davidson D J, Freudenburg W R. Gender and Environmental Risk Concerns: A Review and Analysis of Available Research[J]. Environment and Behavior, 1996, 28: 302 – 339.

④ Mohai P. Gender Differences in the Perception of Most Important Environmental Problems[J]. Race, Gender, and Class, 1997, 5: 153 – 169.

种联系不仅是社会资本存在的前提,也是社会资本得以维持和发展的保障。最后,社会资本是在交换、交往中产生,它只能存在于帮助维持这些关系的物质的和象征性的交换之中。

如果按照地域来划分,关于社会资本视角下的环境治理研究主要分布在亚非地区欠发达国家和欧洲较发达国家。在亚非地区欠发达国家,较为重要的研究有:博丁(Bodin O.)和克洛娜(Crona B. I.)探索了肯尼亚的蒙博萨渔村的社会资本与领导特质在渔业资源管理中的重要地位。他们通过社交网络分析对一个渔村进行了研究,发现这个渔村虽然呈现高水平的社会资本,但却容忍和忽略了那些破坏环境的行为,导致渔业资源的过度开发。[①] 阿迪卡里(Adhikari K. P.)和戈尔迪(Goldey P.)探讨了社区组织的社会资本的可持续性。根据来自尼泊尔南部 14 个村和 129 个社区的数据,笔者发现社会资本对集体行为和社区组织影响可以是正面的和负面的,主要问题包括规则破坏的有罪不罚和组织精英对资源的过分获取。[②] 阿马拉辛赫(Amarasinghe O.)和巴文克(Bavinck M.)探讨了斯里兰卡南部汉班托塔地区渔民应对渔业资源匮乏的策略与方式,建议从社会资本的角度来探索改善渔民生计的途径。虽然渔民的生计资源很少,而且面临着各种环境可持续发展视角,但他们的社会资本可以构成一种宝贵的资源。在这种情况下,渔业合作组织所提供的链接资本则可以作为改善整个渔民生计的切入点。但目前存在的问题是,渔业合作倾向于促进福利,而不是加强资源维护,这就导致了渔业资源不能得到很好

---

① Bodin O, Crona B I. Management of Natural Resources at the Community Level: Exploring the Role of Social Capital and Leadership in a Rural Fishing Community[J]. World Development, 2008, 36(12): 2763 - 2779.

② Adhikari K P, Goldey P. Social Capital and its "Downside": The Impact on Sustainability of Induced Community-Based Organizations in Nepal[J]. World Development, 2010, 38(2): 184 - 194.

的保护。[①] 坦博（Tumbo S. D.）等研究了社会资本是如何影响坦桑尼亚马卡尼亚流域环境政策的实施的，探索社会资本变量对流域上游、中游及下游地区河道使用的影响。研究发现，社会资本变量（如团体组织的内部关系的密集程度、流域内信息沟通渠道的通畅与否等）与流域资源的利用呈正向相关关系，而集体环境行为的范围大小则与流域资源的利用呈负向相关关系。[②]

　　在欧洲国家实施的较为有影响的研究有：马格纳尼（Magnani N.）和斯特拉菲（Struffi L.）以欧洲示范项目"意大利阿尔卑斯地区社会资本发展与农业发展关系研究"为基础，探索了社会资本的可持续发展对于意大利高山地区农业可持续发展的积极影响。笔者重点关注了不同行为者相对资本的变化及行为者之间的相互协商和包容的过程，展示了农村地区发展所涉及的社会动态的复杂性。[③] 肖特尔（Shortall S.）近距离考察了北爱尔兰地区一些未能参与到最新欧盟农村发展计划的人群。这些群体通常被认为是"受社会排斥"的群体。笔者发现，这些群体对"社会排斥"与"社会包容"有着独特的理解，他们的环境行为模式也呈现出特定的方式。该研究对于农村地区环境政策的制定具有重要意义。[④] 琼斯（Jones N.）对希腊米蒂利尼地区的公民环境行为进行了分析。笔

　　① Amarasinghe O，Bavinck M. Building Resilience：Fisheries Cooperatives in Southern Sri Lanka［M］//Poverty Mosaics：Realities and Prospects in Small-Scale Fisheries. Netherlands：Springer，2011.

　　② Tumbo S D，Mutabazi K D，Masuki K F G，Rwehumbiza F B，Mahoo H F，Nindi S J，Mowo J G. Social Capital and Diffusion of Water System Innovations in the Makanya Watershed，Tanzania［J］. The Journal of Socio-Economics，2013，43：24 – 36.

　　③ Magnani N，Struffi L. Translation Sociology and Social Capital in Rural Development Initiatives — A Case Study from the Italian Alps［J］. Journal of Rural Studies，2009，25：231 – 238.

　　④ Shortall S. Are Rural Development Programmes Socially Inclusive? Social Inclusion，Civic Engagement，Participation，and Social Capital：Exploring the Differences［J］. Journal of Rural Studies，2008，24：450 – 457.

者发现,环境行为的引导是应对环境问题的重要环节。环境行为的引导主要受以下方面的影响:① 信任水平。那些倾向于相信他们社区的其他的公民更愿意参与到针对环境问题的行为中去,具有较高信任水平公民往往更依赖于他们所从属的社团的影响力和感召力,这就会导致他们会以集体行为的方式来表达环境诉求。② 社会网络。那些参与了正式社会组织的成员在环境保护方面更为活跃,他们清楚地知道他们所应承担的环境责任。[①] 琼斯、库库拉斯(Koukoulas S.)等学者则指出,由于全球气候变暖,希腊卡瓦拉、凯拉莫蒂等沿海地区的海平面在近些年上升了 0.4 到 0.7 米,这给当地带来了一系列社会和环境问题。研究表明,社会资本的相关方面(如社会信任与社会网络)对于环境治理有着不同的影响。例如,居民之间或居民与政府之间的信任程度越高,居民对于海平面上升的社会适应性就越高,居民就会更加相信政府所制定的应对环境可持续发展视角的政策与措施。[②]

第二节   国内环境治理研究

年轻的中国环境治理研究发端于 20 世纪 90 年代中期。经过短短 20 年的发展,中国环境治理研究已经呈现百家争鸣、百花齐放的势头,其研究议题覆盖广泛,涵盖了治理困境、治理机制结构、文化与心理、网络与策略、性别差异等研究内容。根据不同的历史时期的特点,笔者将中国环境治理划分为三个阶段:计划经济时期

---

① Jones N. Environmental Activation of Citizens in the Context of Policy Agenda Formation and the Influence of Social Capital[J]. The Social Science Journal, 2010, 47: 121 - 136.

② Jones N, Koukoulas S, Clark J R A, Evangelinos K I, Dimitrakopoulos P G, Eftihidou M O, Koliou A, Mpalaska M, Papanikolaou S, Stathi G, Tsaliki P. Social Capital and Citizen Perceptions of Coastal Management for Tackling Climate Change Impacts in Greece[J]. Regional Environmental Change, 2014, 14: 1083 - 1093.

的集体沉默、改革开放初期的利益协调和改革加速期的依法治理。[①]

一、计划经济时期的柔性治理

自新中国成立以后,"皇权不下乡"的格局逐渐退出历史的舞台,国家治理机制的触角延伸到乡村的每一个角落。政府通过制度设置和政治运动的方式对我国城乡居民及其身份进行分割并将之纳入国家的控制中。在高度集中的政治体制下,农民的日常生活、思想观念以及社会行为无不受到国家的控制,政治机构的治理机制可以随时地、无限制地侵入和控制社会每一个阶层和每一个领域,全新的国家治理机制运作机制开始影响并控制社会的每个角落。

新中国成立之初,百废待兴、百业待举,中央政府提出了建设四个现代化的纲领。在第一个五年计划中,中央政府仿照苏联的模式自上而下地通过指令方式进行社会主义经济建设,优先发展重工业和能源。第一个五年计划结束后,中国进入了"大跃进"时期,征服自然的理念在新中国成立之初所产生的巨大热情中得到迅速增生与膨胀,全国各地都在大兴土木,遍地工厂,可以称之为"村村点火,家家冒烟",尤其以土法炼钢最为盛行,环境污染严重。20 世纪 60 年代,"人定胜天"的思想开始盛行。陈占江、包智民对20 世纪 60 年代湖南易村的污染进行了研究。[②] 国家在易村周围建成了硫酸厂、氮肥厂和砖瓦厂等几家工厂。由于生产设备陈旧、生产工艺落后,工厂排放出大量有毒气体。

进入 70 年代后,情况有所改变。童志锋对 1973 年河北省沙

---

① 陈涛.中国的环境抗争:一项文献研究[J].河海大学学报(哲学社会科学版),2015(3).

② 陈占江,包智民.农民环境抗争的历史演变与策略转换[J].中央民族大学学报(哲学社会科学版),2014(3).

河县褡裢乡赵泗水村村民抗议县磷肥厂污染事件进行了研究。[①]县磷肥厂排放的废气、废水对村民的生产生活造成了巨大影响。政府逐渐重视环境问题,采取了积极的应对措施。环境公正论着重从社会结构与社会过程的视角来研究环境问题及其社会影响,在研究农村环境治理时,该理论主要关注的是,在环境可持续发展视角的分配中,农民应该同其他社会群体一样,分担相对同等的环境可持续发展视角,并且享有同等的清洁环境权利。如果环境可持续发展视角分配对农民群体存在不公正现象,农民就有可能进行治理,实现自身的环境诉求。[②]

二、改革开放初期的环境利益协调

自改革开放以来,中国经济进入了持续高速发展时期,社会发展被简化为经济发展,经济发展成为各级政府的重中之重。在以经济增长为主要任期考核指标的压力型行政体制下,GDP 的增长成为地方官员的优先选择,从而导致了重增长、轻环保的污染保护主义倾向。

这一阶段的环境行为的主要特点有两点:第一,环境治理的对象主要是污染企业。民众往往希望政府通过合理的诉求,来推动环境的改善。第二,与农民分散的、零星的诉求行为相比,作为治理对象的企业则是高度统一的组织体,而且通常具有某种治理机制背景。

在这一阶段,学者们逐渐意识到,环境问题既是技术问题,更是社会问题。20 世纪 90 年代初期,陈阿江以苏南地区苏州市吴江区东村为个案,对比分析了工业化之前的上千年的传统社会和

---

① 童志锋. 历程与特点:社会转型期下的环境抗争研究[J]. 甘肃理论学刊,2008(6).

② 顾金土,邓玲,吴金芳,李琦,杨贺春. 中国环境社会学十年回眸[J]. 河海大学学报(哲学社会科学版),2011(2).

工业化之后的现代社会。① 研究发现,长期以来所形成的农业生产方式和生活方式维持了生态系统中物质和能量的循环利用,传统村落社会中的生态伦理、社会规范和村民的道德自律有效维护了水环境。然而,工业化的出现却打破了这种平衡。除了工厂排污的原因之外,传统伦理规范和道德意识失去约束力是造成水域污染的重要原因。

三、改革加速期的环境治理

20 世纪 90 年代中后期,中国的经济发展步伐不断加快,地区竞争加剧,各地争相引进资金,加快发展。同时,污染严重的企业不断地向农村地区和欠发达地区转移,给相应的地区带来了相应的环境问题。这一时期的相关文献可以从以下五个方面进行分类说明:

（一）从环境公正的角度进行分析

刘春燕基于我国近十多年来产权制度变迁的特定社会背景,从中国农民的环境公正意识与行为取向的角度,考察了浙江小溪村村民为反对钨矿开采进行的环境治理。② 李晨璐和赵旭东通过对浙东海村的观察,研究了弱势群体的环境行为方式。③ 海村是一个岛村,良好的海港环境吸引了一些投资者。2005 年,顺东化工厂作为该市引进的第一家规模较大的石化企业,落户海村,对当地的环境造成了影响。

（二）从行为逻辑的角度进行剖析

陈阿江从太湖水体急剧下降的拐点,探讨水污染背后的社会

① 陈阿江.制度创新与区域发展——吴江经济社会系统的调查与分析[M].北京:中国言实出版社,2000:228-256.
② 刘春燕.中国农民的环境公正意识与行为取向——以小溪村为例[J].社会,2012(1).
③ 李晨璐,赵旭东.群体性事件中的原始抵抗——以浙东海村环境抗争事件为例[J].社会,2012(5).

因素。① 村落社区内的人们从传统的保护者变成污染者,转向利用河流的低级功能,如容纳人粪、猪粪、污水、各种生活垃圾,即所谓"从外源污染到内生污染"。陈阿江从这一系列现象中提炼出"文本规范与实践规范相分离"的一般性特征,即虽有文本上的法律可依,但事实上却按实践规则行事。罗亚娟基于东井村的田野调查,对苏北地区农村环境治理行为进行了研究。② 笔者认为,苏北农民治理行为的实践逻辑不能用"以法治理"框架来解释,而需要通过"依情理治理"的实践逻辑来说明。

高恩新对浙江某市的环境治理行为进行了研究。③ 市政府将化工业定位为 A 市支柱产业。以精细化工包括农药、印染、医药中间体、化学制剂等产品为主的"竹溪化工园区"就坐落在 H 镇 G 村附近,在一定程度上忽视环境保护。景军使用"生态认知革命"及"生态文化自觉"两个理念,对我国西北地区一个村庄的环境治理之原因、过程、结果予以描述和分析。④ 他指出,应充分考虑地方性文化在环境治理中的特殊意义及地方性文化与我国农民生态环境意识的连接。

(三)从治理的发展路径进行分析

任丙强认为,这一阶段的农村环境治理经历了一个明显的变化过程。⑤ 将这一阶段的农村环境治理分为三个过程:理性的利益表达阶段、群体治理阶段以及治理之后的利益调整阶段。① 理

---

① 陈阿江.从外源污染到内生污染——太湖流域水环境恶化的社会文化逻辑[J].学海,2007(1).

② 罗亚娟.依情理抗争:农民抗争行为的乡土性——基于苏北若干村庄农民环境抗争的经验研究[J].南京农业大学学报(社会科学版),2013(2).

③ 高恩新.社会关系网络与集体维权行为——以 Z 省 H 镇的环境维权行为为例[J].中共浙江省委党校学报,2010(1).

④ 景军.认知与自觉:一个西北乡村的环境抗争[J].中国农业大学学报(社会科学版),2009(4).

⑤ 任丙强.农村环境抗争事件与地方政府治理危机[J].国家行政学院学报,2011(5).

性的利益表达阶段。在治理发生之前,当农民利益受到伤害时,他们首先是以个人或者群体形式进行利益表达。② 群体治理阶段。农民环境行为发生改变,试图消除污染或者要求经济利益补偿。③ 治理之后的利益调整阶段。污染企业被改造或搬迁,政府加大环境治理力度。

(四)从网络关系的角度进行分析

在遭遇环境污染危害时,农民往往选择自发的行为,这种行为通常地方性或个体性特色鲜明,难以波及更大的范围或更多的人群。但随着关系网络扩展与集体行为持续,共同的遭遇与共享的价值观都有助于形成新的横向关系网络。这种新建横向关系网络作用明显,一方面,横向关系网络有助于减少成员之间的摩擦,增强彼此的信任,推动集体行为的扩散;另一方面,横向关系网络的扩展吸引一些新的成员加入集体行为,这些新成员自身所在的关系网络有利于集体环境行为的扩散。

在当代中国乡村社会,基于血缘、业缘等因素形成的家族群体、朋友圈等社会小团体往往能够发挥特定作用。一个群体成员的共同特征和群体内部联系越大,该群体的组织能力也就越强。石发勇认为,民众由于善于运用关系网络,因而在治理运动中表现更为积极。[①] 陈阿江认为,利益主体力量的失衡、农村基层组织的行政化是造成民众选择治理失效的主要原因。

(五)从依法治理的角度进行分析

随着环境法律体系的完善以及法律的不断普及,群众在治理的过程中也越来越开始诉诸法律的手段,这在 20 世纪 90 年代初表现已经较为明显。童志锋认为,"依法治国"话语的强化、媒体的逐渐开放和分化的行政执法体系是促使农村治理行为向"依法治

---

① 石发勇.关系网络与当代中国基层社会运动——以一个街区环保运动个案为例[J].学海,2005(3).

理"转化的重要因素。[①] 其中,法治话语的不断强化为依法治理提供了机会,媒体的逐步开放为治理者提供了更多的可动员资源与机会,而分化的行政体系则可降低治理可持续发展视角,进而为持续的环境治理和治理精英的关系运作提供了可能的机会。

唐国建和吴娜对位于渤海湾的蓬莱 19-3 油田溢油事件进行了调查。[②] 蓬莱 19-3 油田由中国海洋石油总公司(以下简称中海油)和美国康菲石油公司合作开发,康菲中国石油公司(以下简称康菲中国)负责作业。2011 年 6 月 4 日蓬莱 19-3 油田开始出现溢油,渔民们开始运用法律武器来捍卫自己的合法权益。2011年 8 月,律师向海南省高院、青岛海事法院和天津海事法院递交溢油事件环境公益诉状,要求中国海洋石油总公司和康菲中国石油公司向公众道歉并立即成立 100 亿元的赔偿基金等,但未果。经过协调,农业部、国家海洋局先后于 2012 年 1 月 25 日、4 月 26日与康菲中国石油公司、中国海洋石油总公司达成 10 亿元人民币的渔业损失赔偿补偿协议、16.83 亿元人民币的海洋生态损害赔偿补偿协议。之后,农业部将该 7.315 亿元人民币分配至河北、辽宁两省,由该两省自行确定各省标准后将赔偿金分配到养殖户手中。截至 2012 年底,绝大多数受损渔民(约 4 500 余户渔民)均接受了行政协调并获得赔偿。但栾树海等 21 名养殖户继续上诉康菲中国石油公司、中国海洋石油总公司海上污染损害责任纠纷一案,天津海事法院于 2015 年 10 月 30 日依法做出判决,判令被告康菲公司对栾树海等 21 名原告承担赔偿责任,赔偿原告1 683 464.4 元。[③]

---

① 童志锋.认同建构与农民集体行为[J].中共杭州市委党校学报,2011(1).

② 唐国建,吴娜.蓬莱 19-3 溢油事件中渔民环境抗争的路径分析[J].南京工业大学学报(社会科学版),2014(1).

③ 参阅"渤海康菲溢油案一审宣判:21 名养殖户获赔约 168 万"一文,见 http://news. ifeng. com/a/20151030/46052757_0. shtml。

第三节　本章小结

　　本章从国外和国内两个方面对环境治理研究进行了回顾。笔者从制度视角、可持续发展视角、公正视角、性别视角和社会资本视角五个角度进行了回顾；针对国内的相关研究，笔者将其划分为三个阶段：计划经济时期的集体沉默、改革开放初期的利益协调和改革加速期的依法治理。在第三个阶段，笔者又从环境公正、行为逻辑、发展路径、网络关系和依法治理的角度进行了分析总结。

　　环境治理研究呈现出较为快速的增加态势，但与当前的污染事件及其引发的治理频率和态势相比，仍然不匹配。加强该领域的经验研究、理论研究和跨学科研究，是摆在我们面前的重要任务。[①]

---

　　① 陈涛. 中国的环境抗争：一项文献研究[J]. 河海大学学报（哲学社会科学版），2014(3).

第三章

渔民之间：环境可持续发展视角下的差序礼仪与村治体系

第一节　环境可持续发展视角初现

一、招商引资

2005 年 8 月，正值酷暑时节，笔者来到了 C 湖。强烈的太阳炙烤着湖面，天气出奇得闷热。时常出现在湖面的野鸭、张鸡、蒿鸡、白鹭、青苍等，似乎也惧怕炎热，已不知躲往何处。只有些许叫不出名字的小鸟在岸边寻觅散落的螺丝、野藕、莴笋和菱角等。东村的渔民们将渔船停靠在岸边后，随即钻进岸边的茂密的柳树林里，这块清凉地成了他们避暑、交谈、歇息的好去处。

2005 年，区里的领导到市里去开招商引资大会，并邀请企业家等前来 C 湖地区参观考察。后来，市里就决定将"腾飞化工园"放在村里。如渔民所述，这基本反映了当时的情况：招商引资成为地方政府的头等大事。

两大家族持有不同的意见，这使得东村未来的环境治理有了诸多变数。周氏家族依赖于传统渔业，绝大部分周氏家族成员对渔业抱有深厚情感，在环境下降的情况下，心存幻想，欲罢不能；张氏家族的绝大部分成员则对渔业失去信心，希望借此"机会"，推动"生产转型"，实现"弃船上岸"的愿望。因此，两大家族在价值认同及实现路径上,都有极大的差异。

二、选举前的沟通与协调

腾飞化工园入驻东村之前,村里一切都很正常,打鱼的打鱼,养殖的养殖,生活很平静。关于村主任这个职位,大家都有默契,两大家族轮流当。腾飞化工园入驻东村之后,这种默契被打破,村主任这个职位成了香饽饽。周氏家族从事渔业的比例最大,所以受到的负面影响也最大。他们希望自己人当选,制约化工园的生产,以保护渔业生产。反观张氏家族,他们捕鱼的人数逐渐减少,大多数都转型到了其他行业,如贩卖、养殖、运输、餐饮等,有的甚至还入股化工厂,年终能分红,他们也希望自己人当选,希望渔村尽快转型。

化工园的建立对东村的影响是复杂的。一方面,对于从事传统渔业的渔民来讲(主要是周氏家族),他们将会受到较大的负面影响。渔业资源有可能因为水质的下降而受到重大创伤。另一方面,对于不少转型的渔民来说(主要是张氏家族),他们当中的不少人已经放弃了捕鱼,正谋求创业的机会。园区里的化工厂不仅从村子里招收工人,甚至还从村里吸收资金入股。因此,对于张氏家族来说,化工园的入驻是村庄转型的一个契机。在这种局面下,渔民们将即将到来的村委会选举看作一件大事,而村主任选举就是重中之重了。他们希望选举出一个能够代表他们意愿的村主任,带领他们共同致富。

村委会选举往往受到宗族的影响。宗族是地缘与血缘的综合与叠加。从地缘上看,处在同一地缘的渔民往往希望他们这一地域的渔民能胜任村干部的职务,以便在相关利益输送方面取得一些优势(如在架桥筑路、资金发放方面希望向本地倾斜);在血缘方面,同一血缘关系的渔民往往希望有来自自己家族的人出现在村委会,这样显得光宗耀祖,特有面子。在东村,传统的宗族头人、乡绅达人等都已不复存在。能参与竞选的,一般是两类人:第一类是历任的或在任的村干部,他们往往与乡里的领导比较熟,容易取得上面的信任,同时,他们有基层工作的经验,在村中享有一定的威望;第二类是在村小组中有一定办事能力、善于处理各类邻里挑战的渔民了,他们往往年富力强、头脑灵活且精力充沛。

在离正式选举不到3周的时候,候选人提名工作正式启动,以确定候选人成了村委会换届选举的前哨战。在这次村委会换届选举中,主要候选人由渔民自由提名,即向每一位选民发放一张空白选票,不画框子,不定调子,完全由选民自己来确定。由本村有选举权的渔民直接提名候选人(即"海选"的方式),再依据提名票数来对候选人进行排名,这就在理论上杜绝了镇干部干预村委会选举的可能性。再根据《村民委员会组织法》关于候选人的名额的规定,一般是主任、副主任候选人名额比应选名额多1人,委员候选人名额比应选名额多2—3人。由渔民直接提名是产生村委会成员初步候选人的唯一合法方式,任何组织或者个人都不得指定、委派或者撤换村委会成员候选人。正式候选人确定以后,各地采用多种途径,向选民介绍正式候选人。候选人通过竞选演讲,向全村公布治村方案,选民可以当场提问,候选人之间也可以相互提问。这次东村选举,全部职位都实行差额选举。选举委员会根据渔民的投票,对渔民通过投票方式或联合提名的方式确定的候选人,进行张榜公布,实现候选人之间的公平、公开的竞争。东村选举委员会还按照公开、公正、公平的原则,向选民介绍正式候选人,也组织候选人进行竞选演说,并回答选民和其他候选人的提问。

最终有两个人作为候选人进入村委会选举。一个是张氏家族的代表、现任党支部书记张×宝,另一个是周氏家族代表、原二组组长周×伟。

这两人各有特点。张×宝年长,时年55岁,是远近闻名的"能人"。他年轻时就显示出超强的经济头脑,他放弃了祖祖辈辈赖以生存的"一张渔网一条船"的谋生方式,改为贩卖水产品。他一方面联系渔民，积极组织货源，另一方面，捕捉市场信息，利用周边城市的水产品市场的供需状况，打"时间差"，同时薄利多销，几年下来，积累了一些资本。后来他又及时转向，不再贩卖普通的鱼类，而是推广高经济价值水产品的"订单式养殖"，这些水产品包括螃蟹、黄鳝、鲑鱼等，他利用自己前些年积累的资源，联系各大饭店、机关食堂等，由他们提前预订需要的水产品种类，张×宝组织渔民进行养殖，在规定的时间交付货源。他的成功经营也带动了一批渔民的经济成长。张×宝在村里的影响逐渐增大，他在经济方面取得的成功，直接导致他在社会和政治方面的成功。在部分渔民和镇政府的支持下，他先后担任了村委委员，村党支部副书记、书记等职务，支持腾飞化工园在东村落户，希望促成东村的"产业转型"。周×伟年轻，时年40岁，以他为代表的"新兴力量"构成了对"能人"张×宝的最大挑战。周×伟没有像张×宝那样的雄厚经济实力和广博的人脉资源，但周×伟有自己的优势：年轻、思想开放。周×伟希望传统渔业能发扬光大。

第二节　环境可持续发展视角中的渔村秩序

一、选举过程

选举如期进行，地点就在村祠堂及其祠堂前的小广场。镇党委书记李×才亲自坐镇东村选举现场。选举当天，祠堂边上的1所小学的4间教室被临时改成了投票处，教室外面摆有3张课桌，成为3个画票处。为了确保画票的隐秘性，每张桌子之间都相隔了一定的距离，并且用油毡隔开。每张课桌上都放好了圆珠笔，以供画票使用。此外，各组的监、计票员守在教室门口，每个选民只有在听到工作人员喊自己的名字时，才能走出教室领取选票，然后到课桌前画票。课桌旁每次只能有1位选民画票。画票之后，选民再把选票投进票箱。在正式选举前，东村渔民举行了大会，商讨

了投票、唱票规则,设立了投票间,指定了相关工作人员。大家都
铆足了劲,希望能将心仪的人选上去。

选举前,二位村主任候选人各有 15 分钟的发言机会。张×宝
首先上台,表达了他上台后的计划,包括加强腾飞化工园的污染监
管等。张×宝发言完毕后,周×伟随即上台发言:

> 当前的东村的村级自治,是通过渔民们的民主选举、
> 民主决策、民主管理和民主监督来实现的,渔民们在自我
> 学习、自我管理以及自我监督中,实现了村庄发展和自我
> 发展的统一。(访谈编号:2014-3-17-YM)

对于这次选举,渔民们抱有极大的希望。渔民周×忠说:

> 渔民可以直接选举村委会成员,这可是了不起的事
> 情啊。在我的记忆中。我们通过规范的程序,直接参与
> 选举,渔民决定自己的事,这的确是一个天翻地覆的变
> 化。(访谈编号:2014-3-17-YM)

周×忠所说的"渔民决定自己的事",实际上指的就是乡村内
生性治理机制,即渔民自治治理机制。渔民自治治理机制是随着
农村经济体制改革和国家民主化进程的发展而产生和兴起的乡村
新型治理机制形式,它包括渔民自我管理、自我教育、自我服务和
自我发展等治理机制,它的载体是村委会。《村民委员会组织法》
的实施,标志着国家意志适应和促进乡村内生性治理机制现代化
的要求。

选举结果最后公布:参加投票的选民 313 人,共发出选票 313
张,收回 299 张,其中有效票 280 张,周×伟以超出对手 21 票的微
弱优势当选村主任。7 位村委会委员中,张家占 4 位,周家占 2
位,李家占 1 位。经过调查,工作组认为选举程序是合法的,应当

予以肯定。周×伟作为一个新生力量，通过村庄选举制度，加入村庄治理的行列。周×伟所面临的挑战，是在一个有着千年历史的乡村，面对市场化进程中的社会发展困境，如何快速地适应并且创造性地将传统与现代融合起来，为全体东村人创造一个美好的未来。

二、选举之后

新的村主任上任了，新的村委会建立了，这一切似乎意味着渔村自治新时期的到来。但是，渔民自治的影响是有限度的。东村村委会是东村的自治组织，渔民自治是社会形态的民主，而不是国家形态的民主，这种民主只发生在村庄。它可以通过一套选举规则来选举本村领导人，但对于超越社会之上的国家治理机制却往往感到无能为力。因此，随着渔民自治的深化和公民意识的萌芽，村级民主必然要向上延伸，期盼更为完整配套的制度来服务于基层民主治理。

村主任周×伟面对的首要问题，就是腾飞化工园的污染问题。村主任周×伟说：

> 我是村干部，要带领村民进行有效的污染治理，让村民有一个健康的家园。（访谈编号：2014 - 11 - 10 - CGB）

村主任周×伟说，当选后，在村里举行了两次普法宣传会。大家特别学习了《村民委员会组织法》第五条的规定："乡、民族乡、镇的人民政府对村民委员会的工作给予指导、支持和帮助。"

在腾飞化工园这件事上，渔民们的要求很具体，就是要限制污染企业的排放，确保渔业生产的顺利进行。在这种情况下，村主任周×伟既要和村支书打好交道，又要照顾渔民的利益，的确相当为难。周×伟向村里提出，村务大事由村党支部和村代会集体决策，小事上放手让村委会主任去做,有利于提高工作效率。有了村主任的支持,组长们工作起来劲头十足。一组组长周×发和三组组长范×稳两人在与污染企业的交涉中,有理有据,让污染企业有所收敛,切实维护了渔民的利益。周×发和范×稳与污染企业沟通与协调的事情,是希望企业能积极治理污染。

在渔民之间联系趋减、渔民个体逐渐"原子化"的情况下,组长这种符号性的资源成为当前东村环境治理中最容易获得收益的制度安排。周×伟认为,东村的"小环境"也依赖于 B 区的"大环境"。B 区各地都办起了化肥厂、造纸厂,秦淮河水系的治理也成了政府治理的重点。虽然"小环境"与"大环境"都不尽如人意,但周×伟还是抱有一丝的希望,那就是当时大家民间盛传,市政府有可能将 C 湖建设成为 A 市备用水源地之一。如果是这样,C 湖将会被列为一级水源保护地,四周的工厂将会被搬离,C 湖将得到最大限度的保护。

实际上,虽然当时将 C 湖建设成为市备用水源地的政策还不清晰,但一些先行配套的工程项目,如"引江入淳"工程,已经在有条不紊地进行了。同时,C 湖邻省湖段出口处的两个水闸也在规划当中。水闸建成后,可以把现在敞口流入长江的湖水蓄起来,确保 C 湖水位。一旦长江发生水污染时,可借助现有"引江入淳"自来水管网,反向输水进主城区,解决饮用水供应问题。这一切都说明,C 湖被列为市备用水源地,只是时间问题了。

村主任周×伟治理机制虽小,但却有"势"。这里所说的"势",就是指他在村里的"人脉资源"。吉登斯认为资源主要有两种:一是分配性资源,指在治理机制实施过程中所使用的物质性资源,源于人类对自然的支配;二是权威性资源,指在治理机制实施过程中的非物质资源,源于一些人对另一些人的支配。吉登斯认为,治理机制既不是行为者个人为实现自己的意志的能力,也不是某种集体或社会的力量,而应该将其看作结构二重性的特征。资源作为治理机制的基础,构成了结构的支配方面,但资源本身不是治理机制,它们只是治理机制的中介,通过资源治理机制得以实施。周×伟在村治过程中(即治理机制实施)创造出规则与资源,后者又反过来成了他本人进一步行为的条件。

第三节 环境可持续发展视角中的渔村社会重构

一、选举中的家族关系

环境可持续发展视角这个棱镜,可以清晰地折射出东村选举中家族博弈的细微特征。东村选举是村级治理民主化进程的关键一环,民主化村级治理的关键在于落实选举制度,切实使得渔民能参与选举,按照自己的意愿来选举村干部。东村的家族势力虽然趋向弱化,但仍然在选举过程中发挥着微妙的作用。若要对东村村级治理的进程有一个深刻而全面的了解,有必要对东村选举过程中的两大家族的竞争、大小家族之间的微妙关系以及家族博弈对于村庄治理的影响进行综合分析。

一般而言,能在乡村政治博弈中发挥主导作用的,要么是大姓家族之间的均势代表,要么是小姓家族中的杰出人物。[①] 东村的情况明显属于前者:张家和周家是村里的"大姓家族"。这两个家族之所以为"大",就是因为其在村庄中占有数量优势和基础地位,因而在村里拥有显著的执政潜质。周氏家族在选举过程中的统一行为,使得周×伟的得票最高,从而顺利当选村委会主任;张氏家族虽然也做了选举动员,但投票结果却并不理想。

两个家族之所以出现不同的结果,根本原因在于两个家族内部的团结方式的差异。周氏家族的大多数成员依然维系着较为传统的乡村关联。这种乡村关联具有机械团结的典型特征,即社会

---

① 兰林友.宗族组织与村落政治:同姓不同宗的本土解说[J].广西民族大学学报(哲学社会科学版),2011(6).

构成要素之间按照彼此相似或相同的性质形成的团结。[1] 与以前相比,虽然这种关联程度在逐渐削弱,但家族成员之间依旧联系紧密,主要表现在以下两个方面:① 作为一个传统宗族,它具备严密的等级制度体系。周氏家族保留着传统的族(整个家族)、房(家族的主要门户或分支)、股(已分家立户的兄弟,仍然属于一个大家庭)、肢(家庭)等等级制度,因此在血缘性、聚居性、等级性、礼俗性、封闭性及稳定性等方面,依然保持着鲜明的特色,通过传承而来的"族规"来解决内部挑战以及举办仪式化的各种活动(如鱼苗放养仪式、开渔仪式、修谱、祭祖、婚丧嫁娶)来强化家族内部凝聚力和归属感,依靠共同的族谱等文书来维系社会关系网络的共同性知识。② 在严密的等级制度下,宗族式互惠模式与血缘关系构成了周氏家族社会关系网络的主要特征。周氏家族聚族而居,以C 湖为中心,靠捕鱼为生,共享有限自然资源。

张氏家族展现出来的社会联络具备有机团结的特征。家族成员按照社会分工来执行某种特定的或专门化的职能,这种分化或分工使得个人只是在一定程度上依赖于其他人。[2] 具体而言,张氏家族的团结方式表现为以下两个特征:① 张氏家族内部的社会联系是一种建立在社会成员异质性和相互依赖基础上的社会连接状态,个体逐渐失去对集体的认同感和归属感。集体意识所发挥的作用越来越少。张氏家族成员从事渔业的越来越少,截至 2015年 12 月,只有约不到 10%的成员在从事渔业工作,更多的成员在从事建筑、运输、商业等行业,工作性质多样。每个人的个性不仅可以存在,而且这种个性也成为与其他人相互依赖的条件与基础。② 张氏家族内部松散的社会联系导致了其成员行为方式的理性化。根据科尔曼的理性原则,行为者的行为原则是获取最大利益,

---

① 吕付华.失范与秩序:重思迪尔凯姆的社会团结理论[J].云南大学学报(社会科学版),2013(2).

② 王虎学.个人与社会何以维系——基于迪尔凯姆《社会分工论》的思考[J].江海学刊,2015(2).

即理性人以合理性行为追求利益最大化。一般情况下，行为者并不能控制满足自身利益的所有资源，许多资源由其他人控制着；同样，行为者也控制着其他人所需要的某些资源。① 在张氏家族内部，两个以上的行为者就可能进行利益的交换，从而形成了科尔曼所说的"互惠性生存"的社会关系，包括权威关系、信任关系和复杂关系结构。这就意味着少数行为者之间可以形成一个相对封闭的"亚系统"，而不需要考虑整个家族范围的情况。在这次环境危机下的选举中，张氏家族中从事不同行业的成员组成了各自的"亚系统"，并在这些系统中进行交换。

两大家族的不同社会联结类型导致了他们在选举中呈现出不同的状态与后果。周氏家族的大多数成员长期靠"渔"生存，因此，水污染的加重使得他们产生了空前的危机感。如果不能在村庄治理方面取得话语权，周氏家族的渔业生产将有可能逐渐衰退。如果说严密的等级制度体系使得周氏家族具备了日常村庄生活中的"规制功能"和"组织功能"，那么环境可持续发展视角的叠加就好似催化剂的加入，使得"规制功能"和"组织功能"在村庄治理（如村庄选举）中得以充分展示和发挥，让周氏家族在选举中表现出较强的"战斗力"，最终演变为选举中的选票优势。周姓渔民面对环境危机，齐心协力，最终促使周×伟在选举中胜出。而张氏家族的大多数成员不再受制于家族的"暗示"或"指令"，而将选票投向自己心仪的人选，做出自主选择。

家族是以信息共享为主要特征的。在"生于斯、死于斯"的地方，渔民的婚、丧、嫁、娶等都要做得有面子，没有人敢用自己的名声来"冒险"。② 同时，信息共享会导致行为趋同，这使得渔民之间的互惠预期会提高。渔民们的一个看似不划算的行为，很可能是

---

① 庄晨燕.理性行为与自我理论——从微观/宏观问题视角重读科尔曼[J].中南民族大学学报（人文社会科学版），2015(1).

② 陈兴贵.一个西南汉族宗族复兴的人类学阐释——重庆永川松溉罗氏宗族个案分析[J].广西师范大学学报（哲学社会科学版），2013(1).

一笔人情投资,这种以回报预期为特点的交际行为,是道德经济和理性主义的产物。科尔曼认为,行为者能通过他所属的社会结构,实现其个人的目标或利益。社会资本嵌入在社会网络之中,成了一个公共物品。① 家族成员之间形成了以下关系:① 相互信任,即渔民之间相互帮助;② 权威关系,即渔民之间存在某种授权,授权的双方就存在权威关系;③ 有效规则,即一组渔民之间的行为规则有可能对另一组渔民产生影响;④ 有效制裁,即行为者可能因为其不当行为而受到相应规则的制裁。②

除了周氏和张氏两大家族外,东村还有其他的一些小家族,他们难以具备实现自身村选诉求的能力。那么小姓家族是否会因此而与大姓家族实现完全的联合呢?从目前东村的村选情况来看,答案是否定的。小姓家族若希望与大姓家族走向完全联合,将不可避免地会打破利益分享上的家族边界,而这种联合又很难迅速建构出准确而稳定的边界,以包容各个家族,最终会导致集体行为的解散,大小集团利益难以得到保障,通过选举来实现环境利益的愿望将会落空,这将是渔民们不愿意看到的结果。大小家族这种"和平"共处,印证了科尔曼关于社会资本的定义,即社会资本不指某一个单一实体,而是由多个不同的实体所构成,这些不同的实体具备两个共同的特征:① 它们的社会结构在某些方面相似;② 它们会支持或协助利益相关的行为者,无论这些行为者是否从属于同一个结构。东村的大小家族的行为正好符合这两个特征:他们之间的社会结构相似;在选举中相互支持,以实现环境利益的最大化。③

---

① 白锡堃.合理选择论——科尔曼《社会理论基础》(上卷)述评[J].国外社会科学,1997(7).

② Coleman J S. Commentary: Social Institutions and Social Theory [J]. American Sociological Review, 1990, 5: 23-36.

③ Coleman J S. Social Capital, Human Capital, and Investment in Youth[M]// Youth Unemployment and Society. New York: Cambridge University Press, 1994.

实际上，这些大、小家族之间往往表现出既清晰、又模糊的边界。一方面，他们之间的关系非常清晰。由于家族"集团"所固有的封闭性、排他性特征，致使集体行为有十分清晰的家族边界。这种边界客观上创造了一种可以排除族外人员"搭便车"的家族内部利益关联，它将家族成员紧密联系起来，共同构成一个利益共享、可持续发展视角共担的共同体。另一方面，他们之间的关系也会有所松动，甚至呈现一种模糊的状态。而无望当选的小姓家族也会在大姓家族之间寻求微妙的平衡，努力寻求适合自己的政治空间，以避免被排斥在核心治理机制体系之外，在对环境资源的争夺中占据有利位置。[①]　无论族姓大小，渔民们以特定的形式，形成了规模不一的"集团"。集团成员均采取相对一致的"集体行为"，以谋求自身利益的体现。集团成员之间的吸引力不仅形成了一种归属感，而且能够通过一致的行为，在选举中形成对自己有利的政治格局，实现环境可持续发展视角的转移，满足集团成员的一种利益"期望"效应。[②]

无论是大家族，还是小家族，往往会选择"选择性激励"，最大限度地促进集体行为的力量。[③]　在东村，可用于"选择性激励"的物品，主要是渔业资源。由于环境污染的加剧，大多数渔民的物质生活水平受到了威胁，他们需要自己的"集体代言人"来反映自己的呼声，最大限度地保护自己的渔业资源。不过，这种渔业资源有着明显家族边界，这种边界有两个功能：① 使得家族内部成员消费这种资源成为免费；② 消除了其他家族"搭便车"的可能性。反观小姓家族，其家族整体的利益需要也是客观存在的，但囿于自身成员数量的局限，实现利益期望的可能性显得微乎其微，导致的结

---

① 陈宇，曾宪平. 家庭、宗族与乡里制度：中国传统社会的乡村治理[J]. 福建论坛（人文社会科学版），2010（1）.

② 张晓晶."非正式治理者"：村治权力网络中的宗族[J]. 理论导刊，2012（9）.

③ 曼瑟尔·奥尔森. 集体行为的逻辑[M]. 陈郁等，译. 上海：上海三联书店，1995：71—80.

果就是小姓家族缺乏选举中可用于"选择性激励"的资源,无奈地选择"选票置换利益"的理性行为。

渔民选举,绝不是个人的事情,而是整个家族的事情。渔民往往是通过自己所在的家族来最终确定自己的选票去向。因此,东村的家族可以看作普特南(Putnam R. D.)所说的"活力社团生活",这些社团对地方治理有着重要影响。各个家族,作为社会集团,正是公民社会里的中观层面的组织。这些组织促进并鼓励微观层面的个体参与到宏观层面的国家与地方治理。[①] 我们从三个方面来分析渔民通过各自的家族来选举的作用与效果:① 从过程来看,东村渔民通过选举来探索"自我管理、自我教育、自我服务"之路。特别是在环境污染的情况之下,国家由于财力因素还未为村庄提供足够的公共服务(如全方位环境监测、农村地区非点源污染治理等),东村渔民更需要摸索自己的发展道路。② 从结果来看,该机制确保了赢得相对多数选票的选民才能担任村干部。这就会驱使候选人使用一切手段,动用各种关系来影响选民,扩大票源。③ 从影响来看,由于区、镇领导更替、渔民流动等因素,村级治理缺乏一定的连贯性,导致村级治理形态的波动与调整。渔民们每一次选举,都有可能引发新的治理挑战。但毫无疑问,渔民们从每一次选举实践中都能获取某种政治经验,这种经验越多,他们就越成熟,民主化村级治理向良性方向前进的可能性就越大。

从两大家族在村庄选举中的竞争,我们可以观察到东村的两个发展趋势:① 社会组织由简单的家族从属型向利益归属型转变。在市场经济条件下,东村传统的经济形势日趋解体,朝向专门化、多样化的方向发展。C湖边的传统渔业风光不再,取而代之的是其他新兴产业。这些新兴产业又与行政组织进行结构关系重组,初级关系(血缘关系或地缘关系)的重要性降低,而次级关系

---

① Putnam R D. The Prosperous Community: Social Capital and Public Life[J]. The American Prospect,1993,13:35-42.

(商会、合作协会、政府机构等)的影响力逐渐扩大,从而形成了不同组织和层次的利益关系网络。② 村庄生活世界朝理性化的方向发展,个人理性认知能力和反思性不断增加。相对于传统宗族而言,当代宗族功能逐渐削弱,宗族组织虽然还承担着一些功能(如文化功能),但已经日渐式微。在这种情况下,现代的社会体制,例如村委会,就逐渐承担起原先由宗族承担的一些基本功能(如社会组织功能等)。同时,家族成员的个性走向独立。这正符合哈贝马斯所说的"生活世界理性化",即生活世界结构上的独立。生活世界包括文化、社会和人格三种结构。这三种结构沿着理性交往的角度逐渐独立,并伴随着形式与内容的分离。① 东村渔民的生活世界理性化,就表现为渔民生活世界的结构转变、三种结构的交互关系及各自越来越清晰的界限。在东村社会系统日益复杂和不断扩张的现状下,渔民的反思性在不断增加。

二、选举后的治理模式分析

村级治理的民主化进程的特殊性在于:民主化的村级治理在本质上属于"社会治理"而非"国家治理",村级治理的成效与村庄行为者之间所形成的社会网络有密切的关系。② 因此,对环境危机下的村干部之间、村干部与渔民之间以及东村与镇政府之间的互动关系具有重要意义。

首先,让我们来分析村主任与书记之间的关系。

一般来说,治理机制来源主要有两种渠道,一是自上而下的委任,二是自下而上的选举。村党支部与村委会的治理机制来源不同,村支部的治理机制主要来自乡镇党委的任命与支部的推选,而村委会的治理机制来自全村选民的投票。实现直选制度后,村党

---

① 哈贝马斯.交往行为理论:论功能主义理性批判[M].第2卷,洪佩郁,蔺青,译.重庆:重庆出版社,1994;35-40.

② 包先康,李卫华,辛秋水.国家政权建构与乡村治理变迁[J].人文杂志,2007(6).

支部与村委会的治理机制来源出现了分野。村党支部书记的基本
政治职能,是保证党的路线、方针和政策在本地的顺利执行,落实
上级的政策或指令。由选民经过民主选举而产生的村主任,自然
会产生一种担负渔民重托的使命感,促使他担任渔民利益守护的
重担。这种责任心与使命感,不仅来自对渔民进行回报的心理,也
含有一定的自利动机(如为了换届选举获得更多的选票而兑现当
初的选举承诺)。[1]

东村的村庄治理机制体系被分割为两大阵营:村党支部和村
委会。村党支部的治理机制架构特征是自上而下,书记张×宝依
照《党章》和《中国共产党农村基层组织条例》,维系"一把手"的位
置;村委会为内生性治理机制,其治理机制构架是自下而上,村主任
周×伟依据《村民委员会组织法》要做"当家人"。根据书记与村主
任所拥有的社会资本量、能力和治理机制的对比,可以总结出4种
类型的搭配:强—强型、强—弱型、弱—强型和弱—弱型(表3-1)。

表3-1　村庄治理机制的搭配类型

		村主任	
		环境治理(强)	治理策略(弱)
村支部书记派系	环境治理(强)	(A)对峙	(C)村民自治
	治理策略(弱)	(B)合作	(D)相互影响

在东村,村书记张×宝与村主任周×伟两派属于A类,即
"强—强型博弈"。在推行村庄自治后,由于历史所形成的权威和
意识,村支部占据重要地位。周×伟走上村主任的位置,是渔民投
票的结果,其合法性来自渔民在形式上行使了自己的"自治权"。
不过,虽然村主任周×伟所代表的新权威预示着"代表性自治",渔
民们的努力产生了较好的效果,但这种自治受到了以张书记为代

① 陈锋.分利秩序与基层治理内卷化资源输入背景下的乡村治理逻辑[J].社会.
2015(3).

表的旧权威所展示的"权威性自治"的强大挑战。因此,渔民自治必须由"权威性"向"代表性"转变,这就意味着需要赋予村代会以足够的治理机制,并将其制度化、常态化和法律化。

以现代性的眼光来看,村主任的社会关系在村庄治理中占有重要的地位,这似乎显得不太正常。但若把这种情景放在整个乡村社会这个场域来看,也许就能找到答案了。布迪厄把黑格尔的"存在的就是合理的"这一论断改为"存在的就是关系的",将场域定义为处在不同位置之间的行为者之间的客观关系所构成的网络和构型。布迪厄强调一个分化了的社会由遵循各自运作逻辑的不同游戏领域所组成,即社会世界是由相对自主的社会小世界构成。所谓小世界,就是布迪厄认为的客观关系的空间,也就是场域。行为者在习惯的指引下,依靠各自拥有的社会资本,在特定的场域内进行积极协调。①

村主任任命了各小组组长,并不意味着高枕无忧。村主任还必须调动他们的积极性,参与到村庄治理中来。在缺乏经济刺激的条件下,村干部和组长间的人际关系网络就成了村级事务治理的重要环节,公共事务变成了感情事务。

东村作为一个正在转变中的乡村,它所体现的场域有以下两个特点:① 场域在本质上是传承的和现实的、过去的和现在的、维系不变的和正在变革的各种要素所构成的网络。在东村,古老乡村秩序与现代政治制度、传统人情关系与行政层级关系、村规民约与国家治理机制之间,都存在着碰撞与交融。东村的村主任、组长和渔民既是场域的搭建者,又是场域关系的实践者。② 场域是对有限社会资本进行争夺的场所,它充满着意图维护或者改变场域的力量格局的积极协调。在东村这个乡村社会类型的场域中,作为不同的行为者,村主任、组长和渔民在场域中处在不同的位置。

---

① Bourdieu P. Practical Reason on the Theory of Action (Various Translators) [M]. Stanford: Stanford University, 1998.

但单纯靠行为者不同的社会地位只能搭建某个抽象的框架和固定的结构,而不能构成实际的场域。村主任去镇里开会并对镇长命令的"坚决执行"、村主任返村后与组长"没事喝两杯"、组长的"心领神会"、渔民的"按旨行事"等,就是对场域关系构建的生动写照。

在当前状态下,以村民自治为中心的政治改革对乡村固有的社会秩序产生了深刻的影响,旧的乡村秩序已经被打破,新的自治秩序尚未建立,自治权威尚未确立。① 在现代性的双重挑战之下,中国农村的社会秩序处在"解构—重组"的过程之中,农村社会结构不断出现微妙的变化。② 在这种情况下,村级管理组织在很大程度上是村干部与组长之间的信任与默契程度,村干部与组长之间的融洽程度在很大程度上影响村级治理的效果。这表明,村干部的社会资本是一种重要的村治资源。

最后,让我们来分析渔民与渔民代表之间的关系。

民主监督是渔民自治的重要保障。所谓监督,就是群众或群众组织为达到他们所希望达到的目的,对管理过程进行的督导、审查与促进行为。③ 作为渔民自治的一种重要形式,村代会占有着重要的地位。东村规定:① 关于代表的选举,每位渔民代表由 10 户左右的渔民推选出来,受广大渔民监督。相对普通渔民,被选为村代表的渔民往往素质较高,在村里具有较大的影响。② 关于工作审议,村代会审议村委会的工作报告或计划方案,并评议村委会委员的日常工作。评议不过关或不称职的村委会成员,本村1/5以上的人员联名,就可以要求罢免村委会委员,可以要求按法定程序进行撤换和罢免。村委会实施村务公开制度,对于涉及本村人员的利益以及大家所关心的话题,要及时公布相关处理结果。

① 陈柏峰.从乡村社会变迁反观熟人社会的性质[J].江海学刊,2014(4).
② 郎友兴.走向总体性治理:村政的现状与乡村治理的走向[J].华中师范大学学报(人文社会科学版),2015(2).
③ 李有学.制度化吸纳与一体化治理:传统社会的乡村治理[J].江汉论坛,2014(6).

③ 对于财务问题,应该至少6个月公布一次,让广大渔民周知,接受渔民的查询。

关于村代会的未来发展,渔民代表周×菊比较乐观:

> 根据《村民委员会组织法》及相关法律,是否可以由村民会议授权,由村代会代行村民会议职权,把我们的村代会建设成最高治理机制组织。在实行民主选举的情况下,渔民能在村级事务管理方面发挥应有的作用。我们村的党支部、村代会和村委会之间的关系没理顺,这就直接耗费了精力,影响了我们的环境治理。渔民们活动较分散,很难及时地召集在一起,我想,村代会正好弥补了这一缺陷。(访谈编号:2014-5-8-YM)

渔民们在选举村委会干部的同时,也意味着渔民们赋予了村委会相应的治理机制来处理各类村务。渔民可以通过村代会等形式直接参与决策的过程,村委会则应该为村代会的顺利召开提供一切必要的协助,为渔民实现自治权创造条件。渔村日常事务管理的民主化,并不意味所有的管理工作都必须要有渔民参与,而是强调村务管理的透明性,其过程必须置于所有渔民的监督和控制之下。

从理论上讲,渔民代表由渔民选出,渔民代表理应得到渔民的信任。但事实并非如此,其主要原因有:① 推选过程不规范。渔民们往往对推选前的准备、推选方式不太熟悉,这就造成了以后沟通的困难。② 渔民对被推选人不太了解。虽然同住一村,但很多渔民对被推选人只是部分了解。渔民代表通常与村干部有较多的交流,而却忽视了与渔民交流。例如,在村代会上,渔民代表往往可以与村干部直接对话,就村务管理进行咨询与讨论,渔民代表也倾向于默认某些村委会成员的不良行为。虽然渔民代表在会后也会与渔民进行沟通,但渔民往往会心存芥蒂,不愿过多表态。③

旧的村庄体系不复存在,渔民之间的传统关联趋向解体,新的自治制度尚未完全建立,渔民们尚无政治经验和知识储备。渔民代表需要从更多的渔民的利益出发,加强与渔民之间的沟通,促进村庄治理与环境改善。

渔民代表是村庄资本的黏合剂,他们在东村社会资本的整合中占有独特的地位。这些被推选出来的代表一般具有较高声誉和较强的参政能力。一方面,他们既能倾听渔民的意见,并将意见反映给村干部,是渔民的参谋、助手和意见倾听者;另一方面,他们又有机会参与村务管理,反映渔民的呼声,审视各种报告的疑点,从而在某种形式上约束村干部,是村干部的智囊、合作者和监督者。渔民代表的能力包含了他代表他人参政的能力。每位代表所代表的不仅是推选他的那 10 户渔民,也代表了与这 10 户渔民相联系的其他渔民的利益,社会资本的网络化在这里得到了充分的体现。渔民代表充分参与村务管理,提高了渔民行为的一致性,增强了渔民合作的可能性,渔民的团结程度得到了提高。

三、环境治理与传统惯习

中国乡村的"伦理本位"是当代中国农村研究的起始点和参照系。梁漱溟指出,中国社会既不是"个人本位"的,也不是"社会本位"的,而是"伦理本位"的。所谓"伦理本位",就是指行为者之间存在着的"等级秩序"或"关系序列",这些隐含的秩序指导着行为者的相互关系的建立以及行为的准则。行为者总是处于"伦",即关系之中,如君臣、父子、夫妇、兄弟、朋友等。[①] 在这些关系中,行为者需要认定自己与其他行为者之间存在关系类型、关系疏远程度等。随着一个人的生活之展开,逐渐建立数不尽的关系网络。"伦理本位"成为严苛地限制乡村社会行为方式的行为准则。

20 世纪 80 年代以前,东村毫不例外地受着"伦理本位"的限

---

① 梁漱溟.中国文化要义[M].上海:上海人民出版社,2011.

制。渔民们遵循着村庄的规矩和约定，服从着长老的安排。虽然有可能存在不同的意见，但在强大的传统惯习面前，这些不同意见显得何其渺小。长幼有序、朋友有信、克己复礼、重诚守信、立志修身等规范成为差序格局中道德体系的出发点。大家的意见几乎是出奇的一致，这不是意见压制的结果，而是千百年经验与信念的延续。乡规民约逐渐内化为每个人的自觉行为。

然而，对"礼"的遵守主要依靠个人的内在自我约束，所有人都自觉守"礼"只是一种理想状态。因此，渔民们聚村而居，沿湖而栖，一针一线，一草一木，彼此信任，相互依赖，从而形成亲密社群。在休渔期，根据村里的惯例，渔民们不再下湖捕鱼，而是修船补网、谈天说地。

东村渔民的交际范围较窄，血缘关系、地缘关系成为人际关系的主要内容。正像费孝通先生所说的，乡土社会是一个"无法"的，但却是有"礼"的，礼是社会公认合适的行为规范。① 以宗族意识和道德观念为基础的传统型社会关联仍然在东村占据着主导地位，指导着渔民的日常行为，呈现费孝通所说的以自己为中心、依据由近及远外推的"差序格局"的典型状态："每一家以自己的地位作为中心，周围划出一个圈子，这个圈子的大小要依着中心势力的厚薄而定。""以己为中心，像石子一般投入水中，和别人所联系成的社会关系不像团体中的分子一般大家立在一个平面上的，而是像水的波纹一样，一圈圈推出去，愈推愈远，也愈推愈薄。"远近亲疏是分明的，这样一来，常常导致只问恩怨，不问是非。每个人都有一个以自己为中心的圈子，同时又从属于以优于自己的人为中心的圈子。

根据贺雪峰的研究，在传统社会关联较弱的村庄，乡土记忆出现断裂，村民之间的传统联系出现裂痕，村中经济精英往往更愿意向外拓展，而不愿回村发展，传统社会关联不断弱化，现代性社会

---

① 费孝通.乡土中国[M].北京:北京大学出版社,2012.

关联也因现代性的擦肩而过迟迟不能建立;在传统社会关联强的村庄,乡土记忆较强,黏结型社会资本拥有强大的地位,传统的宗族、伦理观念占据优势。[①] 在这种情况下,村中的经济精英在外多年打拼之后,更愿意回到村里,展现自己的经济实力,带领村民共同行为,协助村里解决各种事务。村民们在各种集体行为中,逐渐建立现代性的社会关联。在乡村社会关联强度和阶级分化程度上来看,总的趋势是由乡村社会关联强的 A、D 向乡村社会关联弱的 B、C 发展。贺雪峰对村庄社会关联的理想类型进行了分类,见表 3-2。

表 3-2　村庄社会关联的理想类型

		经济分化程度	
		低	高
乡村社会关联	强	(A) 第一类　→	(D) 第四类
		↓	↓
	弱	(B) 第二类　→	(C) 第三类

从总体上来看,自 20 世纪 80 年代以后,急剧的社会变迁使得老祖宗立下的规矩不再灵验,来自外界的强大力量不断冲击着传统秩序。以封闭性和稳定性等特征的传统人际关系转向以开放性和易变性为特征的现代人际关系。东村正经历这样的一种转变:乡村社会关联从较强的状态转向较弱的状态,经济分化程度从较低转向较高的状态。从图标上直观显现,就是从 A 到 C。正是高度强化的现代市场经济冲击了传统的乡村秩序,激发了沉睡的乡土回忆,从而复活了传统的社会资本。作为经济自由化程度较高的东村,传统资本与现代经济出现了交织。虽然村内出现了经济分层(职业分工、收入差异、社会资本异质等),但这种分层夹杂着传统的社会资本要素,促使村里的经济精英更愿意参与村民事务、

---

① 贺雪峰.缺乏分层与缺失记忆型村庄的权力结构——关于村庄性质的一项内部考察[J].社会学研究,2001(2).

参与到环境的治理之中。究其原因，一方面，他们关心湖水生态环境，因为湖水的生态质量与自己的渔业事业息息相关；另一方面，他们也希望借此来建立自己的社会资本，为自己的渔业事业发展提供更多的资源。

现在，渔民流动性变大，乡土规范受到冲击。在利益多元化的当下，渔民们清楚地认识到，凭借村庄传统已不能完全获取到市场发展所需要的资源，于是，不断接纳日益丰富的现代性便成为渔民的理性选择。渔民社会交换的基本原则不再主要是人情原则，而是变为经济原则，渔民之间的利益之争更加尖锐。同时，传统型社会关联与现代性社会关联并存。以社会多元化为背景的现代性社会关联则促成了契约精神和现代社会规则的建立，使得东村的"差序格局"呈现理性化的特征：① 亲属关系的紧密程度有所减弱；② 经济利益已经成为亲属家庭联系的重要纽带。亲属家庭走到一起除了沟通感情以外，也是为了在生产上更有效地合作，是为了经济上的互利，工具性关系逐渐加强。

就当前东村而言，传统型社会关联与现代性社会关联的区分只是一种逻辑上的划分，只是供研究之用。实际上，两者是相互交融与渗透的。这就使得建立在传统社会资本基础上的集体一致性行为愈发变得不再可能，建立在传统资本基础之上的村庄秩序不再延续，而无处不在的国家治理机制和法律制度并不是无所不能。如果没有其他力量的尽快参与，村庄的社会秩序就有可能失衡。①

迪尔凯姆说："一旦他频繁地外出远行，他的视线就会从身边的事物转向其他事物，他对他的邻里已经失去了兴趣，因为这些人在他的生活里只占很小的比例"。② 这句话虽言之有理，但中国农村的情况似乎有些例外。对于那些不再从事渔业生产的村民来

---

① 徐祖澜. 传统中国乡村政治研究范式探析[J]. 广西社会科学，2015(7).

② Durkheim Émile. The Rules of Sociological Method，Preface to the Second Edition[M]. New York：The Free Press，1982.

说,他们最大的愿望是在新的行业里重新创业,以此来构建自己的社会网络。虽然他们都是同一个姓,但这只是一个符号,只代表该家族过去曾经的密切联系,但已经小得多了。

村庄的阶层分化也日益严重。原本收入相差无几的渔民,逐渐出现了较大的经济鸿沟。不少渔民放弃了湖面捕捞,转向鱼塘承包和养殖。一些善于把握机会的养殖户逐渐取得了经济上的优势,他们被称为"养殖大户""经济能人"等。这些经济占优的养殖户往往通过以下手段积累自己的社会资本:① 不断扩大自己的养殖面积,招聘其他渔民为其打工,在村里建立自己的威望;② 拓展销售网络,与鱼贩子、饭店老板、机关食堂承包者等建立稳定的社会联系,拓展自己的社会影响;③ 通过赞助鱼苗投放活动、水产品招商会等,一些实力更强的养殖户能有机会接近镇里甚至区里的领导,慢慢积聚优质社会资源,将自己的社会网络与其他社会网络进行了衔接。

四、渔民关系重构

面对环境危机,渔民们所能感受到的来自群体的压力是巨大的,这种压力的存在形式类似于加芬克尔所说的"默认规则"。成员在遵守"默认规则"的情况下,虽然很难感受到规则的存在,但这种"默认规则"对群体成员造成的压力是无形的。"有事靠大家"这样的规则是明确约定的。

渔民们虽然能感受到来自群体的压力,但他们不一定屈服于这种压力。原因在于东村已经不再是"熟人"社会了,而是进入了一个"半熟人"社会。费孝通描述的"无为政治""长老统治"和"礼制秩序",在现代性的冲击下,已经逐渐消失。具体表现为:① 渔民趋向利益多元化,渔民之间很难形成紧密的利益共同体;② 渔民与村干部之间的互信程度虽然有所增加,但大多限于工作的范畴。

下面我们从渔民之间以及渔民与村干部之间的这两类关系来

分析东村"熟人社会"走向"半熟人社会"的变化过程。

首先分析渔民之间的微妙变化：① 他们不支持环境治理，主要是因为不少人已经逐渐脱离了传统的渔业生产，转向运输、餐饮等行业，有的渔民的孩子还在腾飞化工园打工。如果进行环境治理的话，自己孩子的工作可能不保。② 他们不反对环境治理，毕竟生活在这个村庄，他们还有亲朋好友从事着渔业生产。如果反对环境治理，他们可能面临较大的舆论压力。这种舆论压力来自上节所提到的迪尔凯姆的机械团结的集体意象。由于害怕来自其他渔民的压力，所以他们大多不敢公开反对环境治理。

除了越来越多的渔民"保持沉默"之外，东村还存在着利益上和污染上的"搭便车"行为。所谓利益上的"搭便车"行为，指的是那些没有参与"积极治理"的渔民，有可能与那些"积极治理"的渔民一样，得到数额相等的赔偿，不用承担"成本"却能坐享其成。从行为的逻辑来看，利益上的"搭便车"者已经从被动地接受"集体规则"，变为了主动地靠近"集体规则"，不去追随群体行为，却又能从群体行为中获利。所谓污染上的"搭便车"行为，指的是在 C 湖边从事农家乐餐饮服务的渔民，将日常的餐厨垃圾随意抛入湖中，或者部分渔业养殖大户大量使用饲料，对水体造成污染，影响了其他渔民的生产和生活，而他们却将环境污染的责任转移给腾飞化工园，这也是"搭便车"行为。

其次，我们来分析渔民与村干部之间的关系变化过程。

当东村由传统分配体制向市场经济体制转换的时候，旧的制度在消亡，而新的制度却没能完全建立起来。同时，随着国家治理机制在经济生活中逐渐弱化，不论是村干部还是渔民，都变成了自由竞争者。东村和我国其他乡村社会一样，成为一个"似断裂非断裂"的社会。这种社会状态使治理机制资本成为影响乡村治理的不可忽视的因素。

针对现代性给传统村庄所带来的裂变，学者们有两种绝对不同的看法：① 主张通过恢复宗族制度和乡规民约来重塑乡村秩序。他们认为,现代性给传统乡村带来了不可逆转的巨大影响,乡村社区记忆逐渐丧失,与新中国成立前村庄聚族而居、宗法系统完备、村庄记忆特强相比,新中国成立后乡村宗法系统开始瓦解,乡村设置基层政权对原有的宗法系统和风俗习惯产生着强大的摧毁力,各种新经济形式、民间经济组织的活动空间越来越大,侵占了原本自给自足的乡村经济。乡村各种社会关系进入了一个重新调整、重新组合的阶段,由此造成一种相对宽松的外部环境,给传统宗法关系与风俗习惯的复苏提供了有利条件。在这一背景下,乡村宗法秩序有机会回潮,民间权威系统可能再次受到重视,乡村社区记忆在一定程度上又重新恢复,村民之间的社会交换有着情感交流与经济互助的双重意义。①② ② 主张在传统的乡村秩序中引入现代性要素,以现代性的标准来重新改造旧的秩序。现在,村里经常出现新的面孔、新的声音,熟人也不再容易相见,年纪大点的人开始用固定电话和手机联络,而年轻人则开始使用各类即时通信软件、网络平台等进行沟通。③ “无为政治”变成了“参与政治”,“长老统治”变成了“精英治理”,“礼制秩序”变成了“现代秩序”。④⑤

在几千年的中国历史上,“皇权不下乡”一直是社会各阶层遵守的传统,国家政权在乡土社会总是或多或少存在着一定的治理机制空白。但是新中国成立之后的计划经济时代做到了对整个社会包括底层社会的完整控制,以人民公社、生产大队、生产小队的形式把乡村的家家户户都纳入其中,形成了一个几乎是无所不包

---

① 贺雪峰.乡村治理区域差异的研究视角与进路[J].社会科学辑刊,2006(1).
② 贺雪峰.乡村治理研究的三大主题[J].社会科学战线,2005(1).
③ 董颖鑫.社会变迁与乡村治理转型——基于村民自治对乡村典型政治影响的分析[J].求实,2013(8).
④ 罗维,孙翠.乡村治理中的协商民主:发展瓶颈及深化分析[J].农村经济,2013(8).
⑤ 王妍蕾.村庄权威与秩序——多元权威的乡村治理[J].山东社会科学,2013(11).

的巨大的科层体系。随着人民公社的解体以及村庄选举的展开,乡土社会再次享受着一定程度的自治权。不过,由于种种原因,乡村自治能力还远远不够。在科层缺位的情况下,非权威结构越位就逐渐显现,包括环境资源在内的各种资源成为宗族、团体甄动博弈的对象,渔民的社会资源相对匮乏。地方政府作为地方社会的管理者,凭借着行政上的治理机制充分调动各项社会资源,而其拥有的各项社会资源又是其治理机制的体现和治理机制行使的保证。

第四节 本章小结

受环境的影响,村庄的变迁主要表现在以下几个方面:

1. 家族竞争导致了差序礼仪重构

张家和周家是村里的"大姓家族",具备了"执政村庄"的基本条件。但最后的选举结果却偏向了周家。两大家族的不同社会关系联系类型导致了他们在选举中的不同结果。周氏家族的大多数成员依然维系着较为传统的乡村关联。虽然这种关联程度在逐渐削弱,但家族成员之间依旧联系紧密。周氏家族的大多数成员长期靠"渔"生存,因此,水污染的加重使得他们产生了空前的危机感。如果不能在村庄治理方面取得话语权,周氏家族的渔业生产将有可能遭受灭顶之灾。反观张氏家族,他们展现出来的是一种社会化的有机联系,每个人按照社会的分工来执行某种特定的或专门化的职能,这种分化或分工使得个人只是在一定程度上依赖于其他人,这就意味着少数行为者之间可以形成一个相对封闭的"亚系统",而不需要考虑整个家族范围的情况。在这次环境危机下的选举中,张氏家族中从事不同行业的成员组成了各自的"亚系统","亚系统"之间的交换似乎并不充分。

除了周氏和张氏两大家族外,东村还有其他一些小家族。这些大大小小的家族之间呈现出一种交互的复杂关系。如果把这些家族看作大小不等的"集团",那么这些"集团"之间往往表现出既清晰又模糊的边界。无论族姓大小,渔民们以某种特定的形式,以谋求自身利益的体现。集团成员之间的吸引力不仅形成了一种归属感,而且能够通过一致的行为,在选举中形成对自己有利的政治格局,实现环境可持续发展视角的转移,满足集团成员的一种利益"期望"效应。

2. 选举后的治理模式发生了变化

东村的村庄治理机制体系被分割为两大阵营:村党支部和村委会。村党支部为外生性治理机制,治理机制架构特征是自上而下;村委会为内生性治理机制,其治理机制构架是自下而上。

周×伟担任村主任,其合法性来自渔民在形式上行使了自己的"自治权"。不过,虽然村主任周×伟所代表的新权威预示着"代表性自治",但这种自治受到了以张书记为代表的旧权威所展示的"权威性自治"的强大挑战,后者所形成的社会网络阻挡了渔民和国家对基层治理机制运行的参与,影响着渔民对于村庄治理的实质性参与。渔民们的努力并没有使得真正的自治权如约而至。因此,渔民自治必须由"权威性"向"代表性"转变,这就意味着需要赋予村代会以足够的治理机制,并将其制度化、常态化和法律化。

东村作为一个正在转变中的乡村,古老乡村秩序与现代政治制度、传统人情关系与行政层级关系、村规民约与国家治理机制之间,都存在着碰撞与交融。东村的村主任、组长和渔民既是社会网络的搭建者,又是社会网络的实践者;在东村这个乡村社会类型的场域中,作为不同的行为者,村主任、组长和渔民在社会网络中处于不同的位置。

3. "老规矩"与"新情况"交织出现

20世纪80年代以前,东村毫不例外地受着"伦理本位"的限制。然而,对"礼"的遵守主要依靠个人的自我约束,所有人都自觉守"礼"只是一种理想状态。因此,渔民们聚村而居,沿湖而栖,彼此信任,相互依赖,从而形成亲密社群。也有的渔民为了一己私利,违"礼"、犯"礼",这些违规行为,特别是失信行为将在渔民间迅速传播,成为众所周知的秘密。要将不好的声誉转化为好的声誉,则是一件比较难的事情。由于违"礼"而拥有不好声誉的渔民,将有可能被排除在各类议事会之外。

东村渔民的交际范围较窄,血缘关系、地缘关系成为人际关系的主要内容。乡土社会是一个"无法"的,但却是有"礼"的,礼是社会公认合适的行为规范。以宗族意识和道德观念为基础的传统型社会关联仍然在东村占据着主导地位,指导着渔民的日常行为,呈现费孝通所说的以自己为中心、依据由近及远外推的"差序格局"的典型状态。

渔民们开始远离着村庄的规矩和约定,传统惯习不再强大,长幼有序,朋友有信,克己复礼,重诚守信也不再成为渔民的出发点,千百年的经验与信念不再延续。渔民们虽然能感受到来自群体的压力,但他们不一定屈服于这种压力,其原因在于东村已经不再是"熟人"社会了,而是进入了一个"半熟人"社会。费孝通描述的"无为政治""长老统治"和"礼制秩序",在现代性的冲击下正在逐渐消失。

4."熟人社会"逐渐演变为"半熟人社会"

面对环境危机,渔民们所能感受到的来自群体的压力是巨大的。不过从实际情况来看,情况变得有些微妙。渔民趋向利益多元化,渔民之间很难形成紧密的利益共同体,渔民首领的高声呐喊只能引起较小范围人群的响应。渔民与村干部之间的互信程度虽然有所增加,但大多限于工作的范畴,更多的渔民开始"保持沉默"。

第四章

渔民与政府:环境治理中的跨层挑战与治理

第一节　环境行为的选择

一、渔民与政府的沟通

　　东村二组渔民周×平经常用一种名叫地笼的工具来捕获泥鳅、河虾和小鱼。地笼呈长条形状,内部相互连通,构造复杂,鱼虾进去后就很难出来。使用时,将其一端扎上结实的绳子,另一端绑上重物(如砖块),抛入水中,再用绳子将地笼绑在岸边的大树上。傍晚放入水中,次日清晨捞出,地笼里各种小鱼小虾应有尽有。周×平将这些鱼虾收集起来,拿到早市去买,每次能得到二三百元不等的收入。但由于地笼网目过小过密,不利于渔业资源的保护,因此政府已经将地笼列为禁用渔具,他的数百条地笼也即将被废弃。

　　周×平想搞养殖,但没有启动资金。周×平只好东挪西凑,攒了一点资金,从C湖管委会承包了一点湖面。由于周×平资金有限,他不能从管委会得到优质湖面,只能拿到别人不要的湖面,这块湖面八十多亩。周×平打算养殖花鲢、白鲢等品种,如果不出意外,每亩每年能赚到3 000多元。他还自学养殖技术,在养殖区域里用网箱套养鳝鱼。正好赶上近几年鳝鱼的行情看好,一亩鳝鱼的效益是花鲢、白鲢的两倍。周×平预计每亩收入可增至万元以上。刨去租金、设备投入、人工成本等,周×平乐观地估计,他在年底至少能有 10 万元的纯收入。

不过,令周×平担心的是,这片养殖区离化工园很近。一旦化工园超标排放,他的养殖区将遭受灭顶之灾。针对他的忧虑,管委会的人告诉他,化工园自建有污水处理设施,即时处理工厂的污水;工厂不能自行处理的废物,将外包给环保公司,由环保公司进行处理,绝对能达到国家排放标准,不会有问题。

二、镇政府的环境行为

一切都在按计划运转:周×平清理水草、疏浚淤泥、安装围网及增氧设备、投放鱼苗等,周×平的每一项工作都做得特别认真。不过,水污染最终使得他的渔业产量遭到了一定的损失。镇里就召集了化工园主要领导、企业负责人以及村支书和村主任,召开了紧急会议,商讨应对策略,责令化工园开展整改,杜绝类似事故再次发生。

第二节　环境的多元治理

一、科技的力量

周×军是农家乐旅游公司的法人代表,其公司的主营业务由三大部分构成:水产养殖基地、鸡鸭养殖场和湖心饭店。① 水产养殖基地,面积约 1 000 亩,以花鲢、甲鱼、鳝鱼、虾类等水产为主,雇有渔民,专职打理渔场、织补围网、捕捞鱼虾,渔场专事供应上海、苏州、无锡等大型水产批发市场,产品供不应求。② 鸡鸭养殖场,面积约 30 亩,设在岸边,岸上养鸡,水塘养鸭。养殖场门口悬挂着标牌,上书"出售鸡鸭和鲜蛋"。③ 湖心饭店,颇有特点,建在由几艘渔船搭建的平台之上,造型别致,古色古香。客人若要去饭店,则需在岸边坐上小船摆渡。虽然有点麻烦,却也增加了不少兴致。饭店内设若干包间,或大或小,标准各异。菜肴主要以鱼类为主,辅以土鸡、野鸭、鲜蛋等特色菜肴,非常受欢迎,在双休日或其他节假日,饭店人满为患,往往一"桌"难求。

周×军主打"绿色食品"牌。在入村的主要路口,矗立着"湖心饭店"和"绿色养殖场"的巨大的广告牌,从城里来的客人,很容易被这个标志所吸引。客人们在湖心饭店吃完饭后,一般都去养殖场或养鱼场买些鸡鸭鱼肉带回去。

周×军请水产研究所的专家帮助建立了"智能养殖"的体系,由计算机、手机、传感器等几个设备构成一个物联网,只要用智能手机登录水产养殖监控管理系统终端,养殖区水温、含氧量、盐度和 pH 值等参数指标就一目了然,对养殖水体 pH 值、溶解氧和水温这 3 项基础数据进行实时监测,并将数据无线传送到园区内的信息管理平台进行分析,对水产养殖各个阶段水质主要参数进行实时监测预警。

二、民众的参与

周家祠堂是村代会的固定地点。周家祠堂建于明末,距今400 多年。虽然周家是"中北士民,扶携南渡",从北方迁来,但入乡随俗,受徽派文化的影响,周家祠堂整体凸显徽派风格:聚族而居,坐北朝南,以砖、木、石为原料,以木构架为主。墙体使用小青砖砌至马头墙;以堂屋为中心,结构严谨,雕镂精湛,上设天井,通风透光,人们坐在室内,可以晨沐朝霞、夜观星斗。雨水通过天井四周的水枧流入阴沟,俗称"四水归堂",寓意"肥水不外流"。下铺青石,围以徽派砖雕。梁架用料硕大,横梁中部略微拱起,俗称"冬瓜梁",两端雕渔民撒网劳作的图案,中段图案为"鱼跃龙门"。祠堂共有三进,前进为入户门厅,中间立有一座石碑,记载宗族发展及祠堂历史;中进为渔民传统议事场所,内设八仙大方桌,共计四边,每边各一长条凳,可坐二人,四边围坐八人(犹如八仙),四周摆放十余椅子凳子;后进为重要物品以及公器摆放地。

村代会于 12 月 23 号在周家祠堂召开。《村民委员会组织法》规定,村委会向村民会议或村代会负责并报告工作,村委会是村民会议的执行机构,村民会议或村代会每年审议村委会的工作报告,并且能评议村委会成员的工作。

周×军期望获得一个较好的政策环境,把损失减到最低。周×军委托周×进代替他出席了会议。周×军和镇政府进行协商,其目的就是在日后的交往中能实现"双赢",将污染带来的经济可持续发展视角(对于周×军)和社会可持续发展视角(对于镇政府)降到最低。大群体内成员之间基本上以间接互动为主(电话、微信或转告),成员面对面交流的机会少。

第三节　跨层环境治理

一、渔民、党支部、村委会之间的协调

自实行自治以后,村庄的治理机制配置多元化,村代会、党支部、村委会成为村庄治理机制运作的构成要素。因此,考察东村渔民环境治理对于村代会、党支部、村委会的影响,显得非常重要。

第一部分是以村支书张×宝为代表的精英群体。张×宝从懂经营、善管理的"经济能人"崛起乡村政治运作中居绝对支配作用的精英群体。精英群体有力地推进了东村的经济发展。第二部分是以村主任周×伟为代表的"新兴力量"。周×伟有自己的优势:年轻、思想开放、周氏家族的支持。第三部分是以村代会为代表的群众力量。渔民们希望通过村代会维护自身权益。《村民委员会组织法》规定,村民会议应当由本村 2/3 以上的住户代表参加,或本村超过一半的 18 周岁以上的村民参加,由于东村渔民分散居住,村支书及村主任处在村治体系的不同位置,他们两者之间的客观关系构成了一个网络结构,这种网络结构直接影响着他们各自拥有的社会资本(实际或潜在的资源的总和)。作为某一特定的社

会行为者,他们所掌握的社会资本的容量取决于各自实际上能动员起来的社会网络,也取决于各自所在的社会网络中的其他成员所持有的资本(经济资本、文化资本或象征性资本)的总容量。村主任和村支书的工作权限要产生交集。

《村民委员会组织法》和各地的实施办法规定,村民会议或村代会是行政村的最高决策机构。村代会、党支部、村委会是构成村治体系的权威结构,是相互关联的"三极"。从法律规定上来看,村民会议或村代会享有立约权、决策权和监督权。

二、村治体系与镇政府之间的沟通

总体说来,基层治理机制主要为三个层次:镇政府、村两委(党支部和村委会)以及村代会。具体分析如下:

第一,从镇的层次来看,镇政府代表国家治理机制治理农村。作为国家治理机制在农村的代表,镇政府通过各种方式指导村务决策,实施对村级治理的领导。村主任和组长们也在不断地调整自己在场域中的位置,寻求自己最佳的资本结构和组合。

第二,从村的层次来看,如何处理与"上面"的关系仍然是村级治理体系所面临的重要挑战。① 东村村委会虽然不是一级行政机构,但它却是东村渔民自我管理、自我教育、自我服务的基层群众性自治组织,具有实行民主选举、民主决策、民主管理的治理机制,渔民需要在自我管理的过程中学会"自治"。但实际情况是,村委会的设立、撤销、范围调整,由乡、民族乡、镇一级人民政府提出,经村代会讨论同意,报区(县)级人民政府批准才能最后生效。

第三,从渔民个体来看,在东村从传统走向现代的过程中,渔民逐渐参与村庄治理。村主任由渔民选出,代表渔民行使职权、管理村务,书记由上级任命,代表基层党组织指导、协调村庄事务。

---

① 韩鹏云,徐嘉鸿.乡村社会的国家政权建设与现代国家建构方向[J].学习与实践,2014(1).

镇里要发展经济,渔民也要提高收入,目标一致。作为村里的领导,村主任和村支书需要协调两者之间的挑战。镇政府逐渐扩大与村庄自治治理机制,实现稳定的治理局面。镇级治理机制逐渐扩大。它被赋予了部分区(县)级的管理权限,如经济、财政和教育权限,希望成为区(县)域经济的强力支撑。不过,随着村级选举的完善和渔民民主意识的提高,渔民倾向于通过集体决策或个人决断来处理自己的事务,自治能力不断提高,减轻了镇政府的治理任务。

村级治理在本村公共事务管理方面尚有许多自主空间。村治体系在履行政治功能的过程中,来自乡镇政府的要求或支持起了至关重要的作用。村治体系的功能有:政治社会化、政治录用、政治沟通、意见表达、意见综合、决策、决策执行与调整。村治体系在履行上述功能的过程中都或多或少受到来自乡镇政府的影响,其中在政治录用、决策、决策执行与调整等几个环节表现尤为明显(图4-1)。

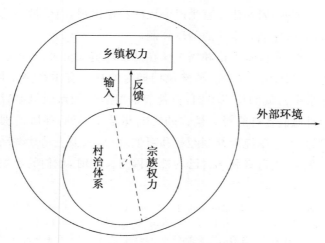

图4-1 乡村治理机制的交互模型

从以上分析来看,治理机制主要涉及两个"原则":"主导等级原则"和"第二等级原则"。① "主导等级原则"指的是政治与经济资本,它是治理机制资本的主导形式。① ② "第二等级原则"是指文化资本,它在治理机制场域中起着次要的作用。村主任周×伟在村中拥有较广的人脉,得到了渔民和组长的支持,同时,他又受传统文化的浸润,深知村规民约的特殊地位。

再从"习惯"和"惯习"的角度来进一步分析村庄治理的特征。"习惯"和"惯习"有相似之处:它们都包含有生存活动中所获得的经验性因素。但两者亦有根本区别:习惯通常不具备创造性和建构性,它表现出重复性、自发性和机械性的特质;而惯习则来自个体和群体长期实践活动,经过一定时期的积累,这种经验就会内化为行为者的意识,指挥个体和群体的行为方式和行为策略,成为人们社会行为的强有力的再生机制。② 惯习是行为者依据场域所形成的一套开放、平衡的系统,惯习将过去的各种经验与当前的情景有机联系在一起,为行为者提供评价、判断和行为的依据。③ 在担任村主任之前,周×伟一直是以渔民的身份出现,当他被推选为村主任后,他快速进入全新的治理体制。

李镇长、东村张书记和周主任在处理环境危机时,各自所采取的行为方式是不一样的。虽然他们拥有的社会资本存量不同,在治理体系中占据的位置不同,但他们的"惯习"的形成机制以及这种机制对他们各自的行为模式的影响却是相同的:环境治理发生后,他们并不是单纯地复制经验和习惯,而是积极主动地调动各自的社会资本,创造有利于自己的社会网络。同时,他们的习惯深刻

① Bourdieu P, Chamboredon J, Passeron J. The Craft of Sociology: Epistemological Preliminaries[M]. Berlin/New York: de Gruyter, 1991.
② 周怡. 共同体整合的制度环境:惯习与村规民约——H村个案研究[J]. 社会学研究,2005(6).
③ 朱伟珏. 超越主客观二元对立——布迪厄的社会学认识论与他的"惯习"概念[J]. 浙江学刊,2005(3).

地存在于他们的性情倾向系统之中，所以他们所采用的方式是独特的，是有别于他人的。

在环境治理中，镇长、书记和村主任在紧急条件下以恰当的方式有效快速地调动各自的社会资本，继续发挥自己在社会网络中的影响力，这反映了惯习作为策略生成的原则，使得行为者能应付各种未被预见的突发情况。镇长、书记和村主任的行为外部条件（如环境污染程度、环境治理强度等）和内在理性（如客观分析、公正判定）交互影响和共同作用。行为者按照"实践逻辑"的直觉，构建开放、持续的惯习，根据自己在社会网络中的位置，对自己的行为进行不断的调适。从这个角度看，行为者是社会的产物。镇长、书记和村主任作为行为者，他们与社会世界之间的联系正是通过惯习来实现的。惯习既是历史及现实的客观环境向内被结构化的主观过程，又是主观心态的向外结构化的客观过程。从这个角度看，行为者是动态构建的产物。

三、渔民对政府治理机制的认同

政治认同既是整个政治体系运转的前提，也是政治活动的后果。政治认同必须以一定的民众支持为基础。数千年来，中国民间的政治认同主要表现为宗族伦理的权威形式。但自明清以来，庶民化趋势的宗法宗族制度逐渐从对血缘伦常的卫护转变为村落政治的助手。[①] 宗族权威除了维系和构建以伦常关系为核心的伦理秩序外，还能配合保甲制度，提供国家法纪所需要的局部安全。

渔民们对于现有的政治体系是高度认可的。对于湖区水质的下降，他们会寻求体制内的帮助。希望地方政府以更加积极的态度和更有效的方法来处理当前的问题。东村的宗族体系主要表现为以家庭血缘关系为纽带的族姓网络，在形式上体现为地缘群居。

---

① 彭正德.农民政治认同与抗争性利益表达[J].湖南师范大学社会科学学报，2009(6).

由于宗族体系是在一个有着悠久历史的中央集权的官僚国家制度背景之下自然生成的村落共同体,因此,宗族体系不仅构成了国家统治的社会基础,还能满足乡村社会秩序的维护以及经济互助的诉求,更能够在国家制度和乡村存在之间搭起沟通的桥梁,从而体现政治与经济两大功能。但东村的宗族体系毫无疑问地受到了现代国家政权的建设的影响,乡村社会结构被嵌入了科层组织的要素,以差序格局为基础的乡村关系因而产生了相应的应变效应,熟人社会向半熟人社会转变,人际关系的维系纽带也随之发生改变。

从治理机制来看,政府是国家治理机制在地方的体现,是乡土社会的直接管理者,拥有着地方的政治、经济、社会等各项资源。渔民内心所具有的那种向上性意愿是不可能借助于渔民群体实现的,也不可能在渔民群体内得到满足的,他必须向群体外发展。弱势群体中的成员主动配合群体外的强势者,利用强势者的治理机制以实现自己的个人目标。显然,在渔民群体内存在两股相悖的力量,一股是促使群体凝聚的力量,另一股是促使群体解体的力量。

为了进行治理,政府采取了各种策略,而所有的策略归结到一点,就是采用了"疏"的方法,有效地化解了相关挑战。根据科塞的"安全阀"理论,社会系统往往为人们提供排泄紧张情绪的制度。可见,社会应该保持开放、灵活、包容的状态,通过可控制的、合法的、制度化的机制,各种社会紧张能够得以释放。当系统或群体的内部能量、信息积聚到一定程度的时候,系统或群体就可能出现系统或群体扩张,系统与系统之间、群体与群体之间的边界关系就要被打破,边界关系就要重新划定和组合,这就势必引起系统或群体之间的结构和功能发生变化,从而引起社会进化和发展。①

达伦多夫也提出了"治理的制度化调节"主张:第一,正在治理

---

① 胡联合,胡鞍钢.冲突的社会功能与群体性冲突事件的制度化治理[J].探索,2011(4).

的双方达成共识，即承认治理存在这一既成事实，并且互相认可双方解释治理的治理机制；第二，建立机构，具体包括协商、仲裁与调停机构。协商是采取和谐定型化的形式来进行治理，最终达到和解。在东村，协商机构并不总能保证渔民环境治理的解决，因此还需要建立某种制度化调节机制，有效化解各类社会治理。[①]

四、治理与协商

社会关系的集中表现是利益关系。利益一般要具备三个要素：利益主体、利益客体和需要。[②] 利益主体也是需要的主体，是利益客体的主体指向，具体表现为各种社会主体，包括个人和各种社会组织等；利益客体是需要的对象，是利益主体的客体取向，即客观存在的有用或有益的事物；需要是联系利益主体和客体的中介，客观存在的有用或有益的事物只有成为利益主体的需要才能成为利益主体的利益。利益的这三个要素是紧密联系在一起的，即需要总是与特定的利益主体有关，不同的主体有不同的需要。正是由于有了共同的需要，才使人们结成一定的社会关系。[③][④]

本书中所涉及的利益主体包括（但不限于）镇政府、村委会和渔民，三个主体之间在利益上存在着对抗、合谋、协商和合作的复杂关系。本书中所涉及的利益客体包括（但不限于）C 湖水资源及其渔业资源。虽然东村的传统渔业资源趋向萎缩，但新型渔业养殖（虾、螃蟹等）由于市场的需求而不断扩大。利益需求也呈现出多样性：镇政府希望能配合市、区两级的招商引资，发展各村经济；渔民则希望能保护水资源、维系渔业资源。

（一）渔民与村委会的合作

村委会与镇政府之间利益差异从本质上来说是非根本性的。

---

① 刘迁.布劳和达伦多夫的理论得以结合的几个条件[J].社会学研究,1993(4).

② 汤汇道.社会网络分析法述评[J].学术界,2009(3).

③ 张文宏.中国社会网络与社会资本研究 30 年(上)[J].江海学刊,2011(2).

④ 张文宏.中国社会网络与社会资本研究 30 年(下)[J].江海学刊,2011(3).

自1993年财税改革以来,地方政府逐渐拥有了地方财政大权,镇政府也不例外。镇政府是享有一定的独立利益的主体,拥有相应的经济管理治理机制和资源配置功能。镇政府通过招商引资,来扩大地方财政收入,甚至会与企业共谋,来对付上级经济计划的制约;另外,镇政府对自利的合理追求既是维持自身正常运行的基本条件,也是对政府雇员进行有效激励的重要因素。不可否认,合理的政府自利有助于促进公共利益的实现。从这个角度看,政府自利与公共利益有着内在的一致性。不管镇政府主观是否愿意,只有维护了公共利益,政府才能继续存在,政府自利才能继续实现。当镇政府自利追求与公共利益同方向时,两者是一致的。政府追求自身利益是以实现公共利益为前提时,实现了公共利益也就实现了政府自利。如果政府超越或损害了公共利益,即政府自利追求与公共利益背道而驰,政府自利追求也会受到阻碍。

虽然政府自利与公共利益具有内在的一致性,但毕竟政府自利并不完全等同于公共利益,政府自利与公共利益并不总是一致的,政府自利只是代表了政府本身的利益,与公共利益相比,它只是个别利益、局部利益。所以,政府自利与公共利益的一致性并不能抵消两者在具体利益追求上的差异性,利益差别是导致利益挑战和治理的根源。人们在实践中容易将政府自利与公共利益直接等同起来,政府也倾向于以维护公共利益为口号,来促进自身利益行为的合法化和正当化。

(二)渔民与村委会的协商

自村民自治制度实施以来,乡(镇)政府对村庄的影响力虽然在减弱,但还是可以继续发挥作用,主要表现在以下三个方面:① 乡(镇)政府借助"村财镇管"来强化对村委会的控制,即村里的财政大权归于乡(镇)政府;② 乡(镇)干部可以通过在村干部中培育自己的代理人来实现对村庄的间接控制,尤其是作为村级治理的"一把手"村党支部书记,在较大程度上就是由乡(镇)直接任命,而村支部书记则可以影响村委会各级干部的产生。

在实行村民自治的背景下，国家治理机制对农村社区的控制仍起主导的作用。乡（镇）政府对于农村民主政治建设责任重大、任务艰巨。在乡（镇）与村挑战中，挑战的主要方面在于乡（镇）政府，解决挑战的主导因素也在于乡（镇）政府，因为乡（镇）与村之间占有的资源是不对等的。乡（镇）政府的呵护，是村治体系顺利运行的重要条件，村治体系的各种政治治理机制之间的平衡，有赖于乡（镇）政府的科学调控。实际上，村民自治制度贯彻得比较好的地方，其乡（镇）政府都比较注重行政村的民主制度建设。村代会能不能健全起来，关键是要有基层政府的支持。农村的民主选举，能有今天的良好局面，与基层政府的努力是分不开的。①

渔民们清楚，与村委会的合作与协商就意味着更多可能的利益。村委会得到了政府和渔民的两方面的授权，村干部同时扮演了渔民的"当家人"和镇政府的"代理人"两种角色。村委会要执行镇政府的指示，完成镇政府下达的任务，同时也要对渔民负责，最大限度地维护渔民利益。渔民们与村委会的合作与协商，可以争取到最为广泛的利益。两个团体之间利益治理却能在社会规范的调适下，逐渐实现"包容与共生"，从而解决了集体行为困境。渔民们的行为，都不再是一种个人的行为习惯，而是渔民们共同认可的行为规范，它发挥着调节个体之间、团体之间关系的重要作用。

第四节　本章小结

在可持续发展视角的背景之下，村庄环境治理可以从以下四个方面进行剖析。

1. 渔民、党支部、村委会之间的治理

自农村实行自治以后，行政村的治理机制形成了多层次的治

---

① 王妍蕾. 村庄权威与秩序——多元权威的乡村治理[J]. 山东社会科学，2013(11).

理机制结构。第一层是精英治理;第二层是新兴力量;第三层是以村代会为代表的群众力量。在东村从传统走向现代的过程中,村庄从"弱嵌入"结构变为"强嵌入"结构,改变了传统的格局。

2. 渔民、村治体系与镇政府之间的治理

基础治理机制主要分为三个层次:镇政府、村两委(党支部和村委会)以及村两会(村代会)。从镇的层次来看,镇政府代表国家治理机制治理农村。作为国家治理机制在农村的代表,镇政府在实行村庄自治的背景下仍然对农村社会有着较强的控制力。乡镇部分控制着村领导人的决定等,并通过分配社会村治体系的治理机制结构研究价值等方式影响村务决策和管理,实施对村级治理的领导;从村的层次来看,东村村委会虽然不是一级行政机构,但它却是东村渔民自我管理、自我教育、自我服务的基层群众性自治组织和渔民的自治机构,具有实行民主选举、民主决策、民主管理的"治理机制"。但实际情况是,村委会的设立、撤销、范围调整,由乡(民族乡)、镇的人民政府提出,经村代会讨论同意,报区(县)级人民政府批准才能最后生效。

3. 渔民对政府的治理机制认同

东村渔民的政治认同存在着一个均衡过程:一方面,渔民们对于现有的政治体系是高度认可的;但另外一方面,对于当前的湖区管理体制却持有一定的意见。对于湖区水质每况愈下,他们首先会寻求体制内的帮助。

4. 渔民与政府的利益角力

镇政府、村委会和渔民,三个主体之间在利益上存在协商和合作的关系。利益需求也呈现出多样性:镇政府希望能配合市、区两级的招商引资,发展各村经济;渔民则希望能保护水资源,维系渔业资源。

第五章

渔民与企业：环境治理中的 社会网络与社会资本分析

第一节 特定渔业生产

一、蟹塘养殖

蟹塘，当地称为蟹（hai）塘，即螃蟹养殖场所，它们大多分布在湖周边的浅滩、池塘。东村的螃蟹养殖已有很长的历史，所产螃蟹金甲红毛、体大肉嫩、脂肥膏满、肉味鲜美独特，营养十分丰富，属我国淡水产品中稀有珍品。在历史上，C 湖螃蟹与阳澄湖蟹、白洋淀蟹并称"中华三只蟹"。特别是自 20 世纪 90 年代以来，随着消费水平的提高，人们的餐饮需求越来越高，螃蟹成了受大众欢迎的美味，市场需求旺盛。中秋前后，正是蟹黄膏肥的好时节，众多食客将品蟹奉为秋天最惬意的事情。

东村部分渔民看到这一趋势，开始转向螃蟹产业。每年 10 月份，渔民就开始忙碌起来，打捞和销售第一批毛蟹。打捞起来的第一批毛蟹个大肚圆、卖相极好，一捞起就被抢购一空。由于养螃蟹一年只能收获一季，养殖经验丰富的渔民周×庆指导养殖户将螃蟹与其他水产品进行套养，这样水产品就可以错峰成熟，保障了养殖户的收入。为了应对激烈的市场竞争和风云变化的市场行情，在周×庆的倡议下，10 户渔民共同成立了螃蟹合作社，共享养殖技术和销售信息。

二、电击捕鱼

不可忽视的是,渔民"涸泽而渔"的行为也给环境治理设置了障碍。村主任周×伟带着笔者爬上堤坝,只见近处几个人穿着皮衣站在浅水里拖螺蛳,螺蛳被收集起来,卖给螃蟹养殖户。螺蛳稀少了,湖水的净化功能遭到破坏;远处,是浩浩荡荡的 C 湖,湖面上有五六条电网船轰鸣着,来回穿梭,正在使用电击的方式进行捕鱼。周主任说:

> 船头两侧伸出两根长长的竹竿,竹竿上拖着的几条绳索就是电网,手指粗的电网啊。电网没入水中,只要有鱼靠近,马上就会被电晕飘浮起来。这湖没救了。(访谈编号:2015 - 6 - 10 - CGB)

近年来,C 湖围网养殖密度过高,严重破坏了水体的生态平衡。为加强对 C 湖水域资源和饮用水源的保护,区人民政府授权该镇人民政府,决定从 2013 年元月 1 日起,不再对任何个人、单位、部门发放围网养殖签订协议书。已和政府签订协议书的养殖户,协议到期后,围网养殖户必须自行拆除用于养殖的网及其他设施,恢复原状。据悉,此举将极大地降低饵料投放、鱼类代谢等渔业生产中产生的有机废物污染对水体富营养化的影响,从而对 C 湖水域生态环境以及周边生态资源的可持续发展起到良好的效果。

第二节　渔民与企业的社会网络互动

一、企业家行为分析

企业主的社会网络对企业的创立、发展和运转都非常重要,企业主不仅会与政府搞好关系,企业主之间也会建立密切的关系。腾飞化工园有十来家企业,这些企业老板之间的联系也非常紧密。腾飞化工园"企业家协会"的设立即是例证。关于这个协会的成立及发展,杨老板说道:

> 我们当时考虑成立一个组织,互通信息,相互协助。于是,大家一合计,成立了腾飞化工园"企业家协会",邀请有关的企业老板和股东参与。最开始时,这个协会非常松散,大家联系并不多。后来,随着时间的推移,这个协会内部的联系开始变得紧密。(访谈编号:2015 - 9 - 15 - TF)

"企业家协会"的成员之间的关系越来越紧密,他们有相同的行业背景和相同的地理渊源,即都从事化工生产,都在 C 湖创业,同属于一个创业孵化平台,那就是腾飞化工园,他们之间的联系非常频繁。企业家们也支持镇里的活动:

> 镇里每年都要组织一些文艺活动,这些文艺活动需要资金支持。我们单位就赞助了 2011 年的纳凉晚会。我们请来专业人士表演,节目质量也上了一个档次。除此之外,我们还赞助了舞狮队,舞狮队的教练是从市里请来的,舞狮队的服装、道具也由我们购买。(访谈编号:2015 - 9 - 17 - TF)

作为企业主，他们不仅投资化工行业，而且也看好 C 湖的渔业资源，准备在高效设施渔业方面做点文章。高效设施渔业对设备要求高，前期资金投入较大，很多渔民望而却步。对此，杨老板等化工园企业主提出要发挥企业的资金优势，开展设施渔业投资，带动东村渔民走向共同富裕。这些老板的想法据说已经得到了市里领导的支持。老板们正在考虑从渔民手中回收部分鱼塘进行良种繁育等示范基地，开展统一的技术培训。

这些老板提出投资设施渔业，一方面是为了盈利，另一方面也是为了积累社会资本。他们在实施渔业的过程中，会接触到官员、渔民、企业家等，从而慢慢积累一定的社会资本。社会资本是一种可以带来增值的资源，这种增值功能不仅体现为财产等物质资本，也可以体现在人力资本以及声望、信任等社会资本上。这一积累过程也反映了社会资本形成和发展的路径，即社会资本通过关系网络、社会信仰、信任和互惠等形式逐渐成长、发展起来。

二、备用水源地

渔民们逐渐知道了 C 湖被列为 A 市备用水源地的消息：A 市目前在计划建设两大备用饮用水源地，分别是江北的金牛湖和江南的 C 湖。C 湖的水源保护项目已经立项，红线范围内的所有工业生产项目必将停产。现在，腾飞化工园已经开始减产，园区里的工厂开始寻找栖身之地了。

笔者后来在 A 市水利局看到了《××省 C 湖保护规划》[①]：

一、项目概况
成果名称：《××省 C 湖保护规划》(含报告、文本、附图)

[①] 参见××省水利厅网站 http://www.jswater.gov.cn/old/gzcy/ftzb/SJGC/index.html。

组织单位:××省水利厅

编制单位:××省水利工程规划办公室、A市水利规划设计院有限责任公司

编制时间:2005年3月—2006年12月

审批情况:××省人民政府

二、成果简介

C湖位于长江右岸、水阳江下游。湖泊面积214.7平方千米,湖底高程在2.5—3.0米,湖泊汇水面积约969平方千米。C湖是水阳江尾闾的重要调蓄湖泊,也是长江下游唯一直接通江的湖泊。汛期受长江高水顶托,湖泊调洪能力小,枯水期水位低,蓄水少,湖泊防洪、供水及航运功能受到不同程度的影响;入湖河道污染严重,水质较差;湖内围网养殖过度,湖泊水质总体呈中富营养状态等。

为加强C湖保护,有效发挥湖泊功能,合理利用湖泊资源,维护湖泊生态环境,防治水害,规范湖泊开发利用行为,实现湖泊资源可持续利用,根据《××省湖泊保护条例》编制本规划。编制遵循"保护优先,协调发展;统筹兼顾,综合治理;因地制宜,突出重点;依法治湖,科学利用"的原则。规划以2005年为基准年,规划水平年为2020年,突出2010年前实施重点。规划目标为:维护湖泊健康生命,保障公益性功能不受损,开发利用有控制,即湖泊形态稳定,面积与防洪库容不减少;蓄泄自如,与防洪、供水要求适应;水体清洁,生态稳定;航道畅通,渔业养殖、旅游等资源开发适度、有序,人水和谐相处。

规划研究范围包括C湖及沿湖周边区域。规划研究确定了湖泊保护范围、蓄水保护范围,湖泊功能及功能间关系,提出了防洪、供水、生态等公益性功能及重要基础设施保护意见,开发利用控制指导与湖泊管理意见,以

及近期实施意见等。湖泊保护范围为设计洪水位以下的区域，总面积 222.9 平方千米，其中××省 115.3 平方千米。确定 C 湖功能为分蓄流域洪水、调蓄区域洪水、渔业养殖、旅游等。主要保护意见为保持调蓄库容和蓄泄通畅，工程体系防洪能力适应流域、区域防洪要求；全湖行洪，所有出、入湖河道及水工建筑物湖内进出水口，需留足行水通道予以保护；加强供水及水资源保护：C 湖供水水源保护范围为沿湖堤防及岸线所环绕区域的范围，本省面积为 111.2 平方千米，水功能区划为"C 湖工业用水区"，饮用水源取水口保护范围暂定为以新桥河入湖河口为中心，水域半径 1 000 米、陆域半径 500 米的范围，按功能水质要求加强保护；划定核心区、缓冲区和开发控制利用区 3 类生态功能区，分类进行生态保护；加强重要基础设施保护。

为深入贯彻《××省 C 湖保护规划》，切实加强 C 湖与 D 湖的管理与保护工作，2011 年 8 月 23 日，省水利厅召开 C 湖与 D 湖管理与保护联席会议成立大会。建立 C 湖与 D 湖管理与保护联席会议制度的主要任务是：以科学发展观为指导，把握湖泊的自然规律，坚持保护优先，建立严格的湖泊资源环境管理制度；坚持依法管湖，打击各类涉湖非法行为；坚持科学治水，推进有利于湖泊资源保护和生态修复的工程性与非工程性措施；坚持综合治理，协调沿湖各地区和涉湖各部门密切配合、齐抓共管，共同维护湖泊健康生态，保障湖泊资源环境的可持续利用，实现区域经济社会与湖泊湖荡资源环境的协调发展。在此基础上，2013 年，A 市政府决定投资 10 亿，与临市共同建设 C 湖备用水源地。

笔者在考察的过程中，多次沿着湖区行走。沿湖一些城镇，大力整治沿湖地区及周边环境，同时结合国家级"生态镇"创建，建立湖畔湿地保护区，C 湖的水质有了较大的改善。作为 A 市后备水源基地，C 湖已成为重要的水源储备。

第三节　渔民与企业之间的社会网络重构与资本跨层治理

一、社会网络分布

对社会个体的定位通常有两种办法：地位结构观与网络结构观。两者有着极大的区别。首先，地位结构观看到的是个体的特征（年龄、收入、家庭等），而网络结构观看到的是个体与其他个体的关系（认识、熟悉、亲密等）；其次，地位结构观注重人们的身份和归属感，网络结构观则分析人们的社会联系和社会行为的"嵌入性"；最后，地位结构观强调的是个体占有资源的多寡，而网络结构观则关心个体对资源的获取能力的大小。① 我们选择从网络结构观的视角进行分析。

"网络"概念最早被应用时只是一种隐喻，用来形象地说明社会关系或社会要素之间的网状形式。把社会结构比喻为网络最早可追溯到齐美尔的关于"网"的研究。他认为，社会并不像迪尔凯姆所说的是一种"实体"，而是一种过程，社会的本质存在于人与人之间的交往或互动过程之中，并且发展出了一套"齐美尔联结"模型。该模型是指同属于一个小集团的两个人之间的二方关系。20世纪40年代，拉德克利夫·布朗（Radcliffe Brown）指出，社会结构概念必须把人类社会各组成部分之间的关系形式考虑在内，特别是部分与整体之间的关系。他认为，社会结构即指实际存在的

---

① 郭云南，张晋华，黄夏岚.社会网络的概念、测度及其影响：一个文献综述[J].浙江社会科学，2015(2).

社会关系的网络,是特定时刻所有个体的社会关系的总和。他所说的社会结构是指制度化的角色和关系中的人的配置,是"在由制度即社会上已确定的行为规范或模式所规定或支配的关系中人的不断配置组合"。① 1950年代中期,人类学家巴恩斯(Barnes J. A.)在此基础上第一次提出了"社会网络"的概念②;1950至1960年代,英国人类学"曼彻斯特学派"把社会结构看作一种关系"网络";1970年代中期,格兰诺维特(Granovetter M. S.)对求职过程中"关系"进行的阐述,引发了学者们对社会网络的探究兴趣,社会网络分析开始逐渐兴盛③;1980年代中期,格兰诺维特又发表了对网络研究具有理论指导意义的论述"嵌入性"的重要论文,标志着社会网络研究步入了前面发展时期。④

总体而言,东村的社会网络关系呈现不均衡的状态。为了对此有一个完整的认知,我们从关系强度和分布状态这两个方面来进行考察。

（一）关系强度

关系强度是指人们在社会网络中的相互关系的连接的紧密程度。从群体的角度看,强关系倾向于连接同质人群,用以维系着群体或组织内部的联系,它是实质性的;而弱关系则在群体之间、组织之间建立起联结关系,它是形式化的。从个体的角度看,无论是在哪个群体内部,个体的社会地位都是决定这个个体所能获取的资源数量和质量的重要变量。因而,个体的社会地位是衡量行为

① Radcliffe Brown. On Joking Relationships：Africa［J］. Journal of the International African Institute，1940，13(3)：195－210.

② Barnes J A. Class and Committee in a NorwegianIsland Parish［J］. Human Relations，1954，7：23－33.

③ Granovetter M S. The Strength of Weak Ties［J］. The American Journal of Sociology，1973，78(6)：1360－1380.

④ Granovetter M S. Economic Action and Social Structure：The Problem of Embeddedness［J］. American Journal of Sociology，1985，91(3)：481－510.

者关系强度的决定因素。①②

　　渔民内部和企业老板内部各自呈现出"强关系"特征,其共同特点是成员之间来往较为密切,信息交流比较充分,相互可信任程度高。不过,两者之间的关系特征也有着明显的区别:渔民之间的"强关系"是以强大的血缘关系成为基础,社会网络主要以亲友和朋友两类强关系组成,社会网络发挥作用的形式以提供人情为主、以传递信息为辅;而企业老板之间的"强关系"是以利益关联为前提的,社会网络发挥作用的形式以传递信息为主、提供人情为辅。

　　不过,虽然渔民群体和企业老板群体同属于"强关系"群体,但在"关系强度"方面,企业老板之间的关系强度不如渔民。这12名企业老板中,除了张老板是来自东村本地,其他人均来自外地(浙江、上海、安徽等),其教育背景、工作经历也各不一样。虽然这12名企业老板都在化工园设有厂房,但他们当中有8人是第一次尝试在化工行业发展,他们以前所在的行业千差万别,分别从事机械、建筑、酒店、餐饮等,他们作为股东或投资人,算是化工领域的"新人",合作时间短,相互了解不多,这也成为影响他们关系强度的重要因素。

　　需要指出的是,12名企业老板人数少,关系比较单一;而东村渔民人数众多,关系较为复杂,其"强关系"并不意味着"一强俱强"。例如,螃蟹养殖协会所构成的内部高度团结的"强关系"网络,在社会整合上却具有截然相反的双重意义:在个体层次上,蟹农自身所处的网络是高度衔接的,然而在整体层次上,它却是高度断裂的,因为蟹农个体之间的看似高度衔接的关系实际上处于一种相当脆弱的状态之中。在笔者所到之处,虽然确能真切感受到蟹农间的密切关系,但这种密切关系只是部分而非整体、内部而非

　　①　罗家德,方震平.社区社会资本的衡量——一个引入社会网观点的衡量方法[J].江苏社会科学,2014(1).

　　②　边燕杰,郝明松.二重社会网络及其分布的中英比较[J].社会学研究,2013(2).

全部的团结,因为从整个东村来看,小群体之间(如螃蟹协会、养虾协会等)缺乏沟通的欲望,更别提有效的联系渠道了。两种不同类型的网络类型同时呈现在渔村:一种是交往频繁、联系紧密的"闭合性结构"(如螃蟹协会),另一种则是交往稀少、联系松散的"开放性结构"(东村全部成员)。对于前者,科尔曼认为,"闭合性结构"有利于指示性规范的形成,使成员间相互建立信任、期望和义务感。在这样的社会结构中进行市场交易,可以降低交易可持续发展视角和交易成本。它所带来的负效应则是个体利益受到忽略、不同意见被抑制等问题。①② 对于后者,普特南强调"开放性结构"有利于信息的畅通,促进不同群体之间的交流与沟通,象征着包容与开放性。③④

"弱关系"则存在于渔民与企业老板之间。两个团体是异质的,他们之间的互动类型属于松散型而不是紧密型,相互信任程度小、利益关联不充分,甚至时有治理发生。⑤ 不过,正是强弱关系的同时存在,才使得社会系统成为可能。例如,在渔民与企业的博弈中,强弱关系发挥着不同的作用:强关系促进了情感和信任的传递;反之,弱关系则在信息传递方面体现了优势。而且,东村形成了弗里德金(Friedkin N. E.)所说的"山脊状"的社会空间结构,即一连串向心性群落相互重叠,群落内部成员联系密切,不同群落之

---

①　田凯.科尔曼的社会资本理论及其局限[J].社会科学研究,2001(1).

②　潘敏.信任问题——以社会资本理论为视角的探讨[J].浙江社会科学,2007(2).

③　胡军良.超越"事实"与"价值"之紧张:在普特南的视域中[J].浙江社会科学,2012(4).

④　赵延东.社会资本理论的新进展[J].国外社会科学,2003(3).

⑤　胡荣,林本.社会网络与信任[J].湖南师范大学社会科学学报,2013(4).

间的成员则相对疏远。①②③

渔民与企业老板之间的"弱关系"有其特定的社会功能。弱关系是群体之间的纽带，它联系着不同的群体，容纳着异质性信息。因此，弱关系充当了信息桥的作用（这是与强关系最大的区别。强关系存在于群体内部，信息重复性高）。④ 作为社会网络中的空隙，这种弱关系正如伯特（Ronald B.）所说的"结构洞"理论（Structural Hole Theory）中的"结构洞"：社会网络中某些个体之间无直接关系，好似网络结构中出现了洞穴。⑤ 结构洞可以为处于该位置的组织和个人带来信息和其他资源上的优势。行为个体通过打造和占有结构洞，为不同的个人和团体搭桥，保持与各方的友好关系从而达到既定的工作目标，做一个"渔翁"，从而使自己的人际关系网络规模和质量发挥到极致。

以上"关系强度"假设主要还是基于成对关系的一种延展，是对局部关系的考察。我们还需要对渔民与企业老板所构成的网络进行整体考量，更加清晰地了解渔民和企业老板在各自网络中的分布以及这种分布状态对他们的环境行为方式的影响。

（二）分布状态

我们从广泛度（degree）、密切度（closeness）和中介度

---

①　龚虹波.论"关系"网络中的社会资本——一个中西方社会网络比较分析的视角[J].浙江社会科学，2013(12).

②　庄孔韶，方静文.人类学关于社会网络的研究[J].广西民族大学学报（哲学社会科学版），2012(3).

③　Friedkin N E. Theoretical Foundations for Centrality Measures[J]. American Journal of Sociology，1991，96：1478－1504.

④　梁玉成.社会网络内生性问题研究[J].西安交通大学学报（社会科学版），2014(1).

⑤　Burt R S. Structural Holes：The Social Structure of Competition[M]. Harvard University Press，1992.

(betweenness)三个维度来对他们的网络分布进行分析。①② 所谓广泛度,指的是行为者的影响范围的大小;所谓密切度,指的是行为者之间关系的亲密程度对资源获取能力的影响程度;所谓中介度,则指的是行为者在网络中的治理机制差异,即行为者在多大程度上可以加速、改变或阻断网络信息流程从而影响或控制其他行为者的思想和行为,主要描述行为者对他人的控制能力。从这三个维度来看,渔民和企业老板各自呈现怎样的整体分布状态? 这种分布状态对环境治理产生了怎样的影响?

整体而言,渔民群体的网络特点具有广泛度低、密切度高和中介度低的特点。具体而言,呈现以下特点:① 从广泛度看,渔民的影响力有限,通常局限于亲戚、朋友之间。例如,渔民的社会网络具有较高的封闭性,能在小范围内确保信任、规范、权威的建立和维持。渔民的环境治理行为,强化了他们之间的网络关系,同时有机会认识更多的人群,如企业主老板、政府官员等。这构成了渔民所处的宏观社会环境,而这种社会环境则超出了他们个人控制的范围,成为他们建立和维系特定关系的外在因素。② 从密切度看,渔民在自己的亲戚、朋友圈子里具有较高的影响。例如,渔民在环境治理中形成了普遍化互惠。不少渔民抱有"我现在这样对你,希望你以后能够相应地回报我"的想法,形成了帕特南所说的密集的社团网络中的"短期利他"和"长期利己"的重复交易行为。③ 从中介度看,除了少数精英渔民之外,大多数渔民的社会地位相似,因此他们在网络中的治理机制差异不大,而且普遍较弱。例如,湖水被污染后,渔民面临着如何重新就业和解决生活来源的问题,他们总体上作为一个弱势群体在经济收入和获得职业方面不具有优势,他们不大可能给别人以经济援助或提供就业信息等方

---

① Friedkin N. An Expected Value Model of Social Power: Predictions for Selected Exchange Networks[J]. Social Networks, 1992, 14: 213 – 230.

② Hummon N P. Utility and Dynamic Social Networks[J]. Social Networks, 2000, 22: 221 – 249.

面帮助。不过,他们虽然不能给他人提供经济援助,但却更愿意给予情感上的支持和关心。大家都是乡邻,平时相互关照也是理所当然的。那些拥有一定财富和社会地位的精英渔民,占有某些有价值的资源(信息、资金甚至治理机制等),在网络中占据有利节点,通过加速或放缓资源的流动来获取对其他渔民的支配。①

化工园区的 12 名老板的网络呈现广泛度高、密切度低和中介度高的特点。从中介度看,企业老板拥有较多的资源,如金融资本、物质资本和人力资源等。坐拥这些资源,企业老板们才得以在需要的时候进行社会交换以及政治交换。也就是说,在关键时候,他们会动用其自身资源,发挥自身的影响力。在资本的建构过程中,企业老板不仅获得了自身行为层面上的社会资本,而且也产生了"行为的结构性后果",即资源重构。在新的结构下,行为者之间不断形成互惠的信任与行为的规范,新结构对该结构内的行为者的行为起到了促进与限定的双重作用:企业老板往往会配合政府做好相关的赔偿工作,而政府也会告诫渔民不要"积极治理",保证企业的正常运作。②

二、企业社会资本分析

社会资本是个人动员社会网络中稀有社会资源的能力。社会资本不是某种单独的实体,而是由构成社会的各个要素所组成,并为结构内的个人行为提供便利。与其他形式的资本一样,社会资本是生产性的。③④ 是否拥有社会资本,决定了人们是否可能实现某些既定目标。腾飞化工园里的企业老板在社会网络中均是独立

---

① 荀天来,左停. 从熟人社会到弱熟人社会——来自皖西山区村落人际交往关系的社会网络分析[J]. 社会,2009(1).

② Moody J. Network Exchange Theory[J]. Social Forces,2001,80(1):356 - 357.

③ 张文宏. 中国社会网络与社会资本研究 30 年(上)[J]. 江海学刊,2011(2).

④ 张文宏. 中国社会网络与社会资本研究 30 年(下)[J]. 江海学刊,2011(3).

个体,他们各自占据着网络的某个位置,形成网络上的纽结,多个纽结进一步组成一个网络。他们依据其在社会网络中的位置以及资本的类型,同其他行为者进行着资本竞争和交换;同时,这些企业老板的行为动机与行为过程是持续变化的,这就导致网络的不断调整与变化。网络是各种资本进行相互竞争、比较和转换的场所,同时,网络本身的存在及运作,也只能靠嵌入其中的各种资本的反复交换和竞争才能维持,也就是说,网络是各种资本竞争的直接后果,也是这种竞争状态的生动表现。

（一）杨老板的社会资本分析

在化工园的老板中,顺发化工厂的杨老板最具有代表性:人到中年,事业有成,头脑灵活,精明强干,关系活络。我们以杨老板为中心,以点带面,详细分析企业老板们的社会资本。杨老板的社会资本实际上是一种持续存在的社会关系,这些关系主要有信任关系、权威关系以及治理机制分配关系。

（1）权威关系:这是一种纵向型的工具性关系。韦伯将权威分为 3 种类型,分别是传统型权威、魅力型权威和法理型权威。我们这里所说的权威主要是指法理型权威,它建立在理性的规则之上,并以共同规范为前提条件。通过选举或任命的方式而上位的官员都拥有法理型权威,这种权威也是被人们所普遍接受的。

（2）信任关系:这是一种横向型的工具性关系。科尔曼则把各种人际信任纳入社会系统行为的分析中,认为人际信任关系是在人际互动的基础上建立起来的。吉登斯认为,人的生活需要一定的本体性安全感和信任感,而这种感受得以实现的基本机制是人们生活中习以为常的惯例。如果说社会资本为行为者提供了行为框架,那么信任就是这种框架的"润滑剂",它能使任何一个群体或组织的运转变得更加有效。他们之间建立了信任关系。这种信任存在 3 个层面:① 社会信任。企业家与镇领导之间有着叠加的社会经验与合作规范。② 经验信任。企业家与镇领导在社会交换过程中所积累的交易经验。③ 制度信任。企业家与镇领导之间交往行为的可预见性和可依靠性。福山（Fukuyama F.）指出，一个群体的成员共同遵守一套行为的制度和准则，能确保他们按照这既定的价值观和规范开展有效的合作。[①]

（3）治理机制分配关系：这是一种综合性（包括横向和纵向）的工具性关系。行为者为了实现各自利益，相互进行各种交换，甚至单方转让其对资源的控制。科尔曼指出，社会资本有两个特性：不可转让性和公共物品性质。社会资本依赖人与人之间的关系，具有不可转让的特性，而且社会资本存在于人际关系的结构之中，既不依附于独立的个人，也不存在于物质生活的过程之中。社会资本具有的公共物品特征是社会资本与其他形式资本最基本的差别。杨老板尽力创造与区、镇领导的联系，以扩大自己的社会资本。杨老板创立社会资本的行为往往会给其他人带来利益或损害。

（二）腾飞化工园老板们的社会资本分析

要对某个群体进行社会资本分析，离不开对这个群体所生存的社会资本的全面分析。[②] 在东村范围内，与腾飞化工园老板们打交道的主要为两类精英：体制内精英和体制外精英。体制内精英主要是掌握了一定行政资源的镇、村领导（虽然村级干部并不代表一级国家治理机制，但他们仍然拥有一定的行政治理机制），他们通过掌握行政资源进而控制其他相关资源，他们也被称为治理精英；体制外精英主要是指行政体系之外的经济能人、知识分子和宗族代表，他们分别在经济、文化和族群方面拥有较大的发言权，他们也被称为非治理精英。无论体制内精英和体制外精英，他们除了掌握着村庄优势资源以外，还能积极参与乡村公共生活，拥有比普通渔民更大的社会影响力。

---

①　Fukuyama F. Trust：The Social Virtues and the Creation of Prosperity[M]. New York：The Free Press，1995.

②　辛允星. 农村社会精英与新乡村治理术[J]. 华中科技大学学报（社会科学版），2009(5).

针对不同的精英群体,腾飞化工园老板们采取了不同的策略。针对镇、村干部这类体制内精英,腾飞化工园老板们往往利用其经济地位,发挥其社会影响力,影响体制内精英的决策。在这种情况下,镇、村干部也通常采取迁就与协商的策略,双方达成某种互惠。在某种程度上讲,部分镇、村干部实际成为体制外精英的代理人。相反,针对拥有相对较弱社会资本的体制外精英,腾飞化工园老板们采取的是较为强硬的手段,即拒绝停产。在这种情况下,养殖协会的渔民经过理性计算,采取好汉不吃眼前亏的合作策略,从而使整个渔民治理慢慢走向消退(表5-1)。

表5-1　体制内、外的精英社会资本及其影响力

		体制内精英社会资本及其影响力(策略)	
		强	弱
体制外精英社会资本及其影响力(策略)	强	A(竞争)	C(协商)
	弱	B(合作)	D(竞争)

通过集体行为的经验观察,可以对精英之间关系形成一个比较系统的认识。根据精英之间是否团结以及精英是否同质性这两个维度,可以得到以下的关系表(表5-2)。

表5-2　精英关系与精英来源

		精英关系	
		团结	分歧
精英来源	同质	A	B
	异质	C	D

腾飞化工园老板们代表了一个精英群体,这个精英群体在社会活动中拥有较多的资源优势(如治理机制资源优势、经济资源优势、人际网络资源优势)。腾飞化工园的企业老板们所构成的精英群体则经历了从D类(异质分歧型)到C类(异质团结型)的转化。

企业老板们来自不同的地方,年龄相去悬殊,文化背景各不一样,因此,在对待渔民的环境治理上,态度有一定的差异。他们有的主张适当赔偿,安抚民众,有的却主张拒绝赔偿,对抗到底。随着时间的推移,企业老板们渐渐开始走上层路线,请政府出面协调,自己不直接面对渔民的诉求。因此,他们慢慢地转向了 C 类,即异质团结型。企业老板们之所以出现这种转化,企业主选择一致对外,也是由于他们在园区建设与运行方面有共同的利益诉求。

腾飞化工园老板们会面对来自体制外精英的治理(如各种养殖协会会员等)。譬如,螃蟹养殖协会作为一个精英群体,经历了从 A(同质团结型)到 B(同质分歧型)的过程。螃蟹养殖协会成员都来自东村,是曾经的渔民,年龄相仿,有着相同的经济和社会背景,他们一般文化水平低,主要靠人缘、经验和传统道德观念,有的甚至是通过家族的力量影响社会。他们家底较为丰厚,收入颇高。当他们与企业老板们之间发生面对面的治理时,他们内部较为团结。他们属同质(精英来源)和团结(精英关系)的 A 类。不过,随着时间的推移,群体内部在行为方式上产生了挑战与分歧,其精英关系渐渐从 A 类转向了 B 类,精英之间的关系出现分歧。到了后一阶段,他们在具体的目标、决策、指挥、管理、动员等环节上常常难以取得一致的意见,他们之间的沟通和协调显得更加困难。

腾飞化工园老板们会有目的性地向体制内精英(政府官员)靠拢。体制内精英(政府官员)一直就属于 B 类(同质分歧型)。他们大多出身于本地,具有相同的文化背景,相互了解程度很深。但面临集体困境的时候,他们往往不能够形成团结的关系。

三、渔民社会资本分析

在上一部分中,我们对腾飞园企业老板的社会资本分析侧重于对资本构成与分布的分析。在这一部分中,我们对渔民社会资本分析将偏重于分析其关系资本化过程。

　　关系资本化的本质就是投资方和资源占有方之间进行交换[①],其主要路线是,投资方通过与资源占有方的各种交换,实现自己的利益,同时也将自己嵌入资源占有方的社会关系网络之中。由此可见,关系的资本化包含三个方面:投资方、资源承载方和交换关系类型。在关系的资本化过程中,行为者对"关系"进行投资,其实质就是资源承载方和资源投资方之间的交换。换句话说,社会资源潜存于社会关系网络中,欲要获取社会资源,就需要把自己嵌入资源承载方的社会关系网络之中,嵌入的目的是获取,嵌入的途径是投资或动员,其实质是交换。[②] 关系资本化包括两个方面:① 行为者在工具型"关系理性"的关照下,将"关系"作为实现目的的工具,通过它来获取关系所承载的资源,这是关系资本化的前提;② 行为者在利用"关系"以使其变成社会资本的过程中,遵循着投资、成本—收益的资本运营规律,这是关系资本化的内在规律。

　　关系资本化过程,实际上就是东村渔民的"行为路线图"。投资方往往积极寻找他所要投资的对象。资源所有者也愿意交换自己的部分利益,不断丰富自己的资源。在交换的过程中,双方会互嵌于对方的网络之中。投资方通过情感性关系和义务性关系,不断实现双方关系的资本化和网络互嵌状态(图5-1)。

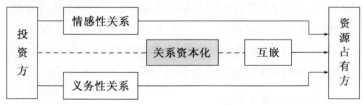

图 5-1　关系资本化过程

---

　　① 汤汇道.社会网络分析法述评[J].学术界,2009(3).

　　② 沈毅.从封闭组织到社会网络:组织信任研究的不同视角[J].浙江社会科学,2008(6).

如前所述,"关系"投资或运作的过程,从本质上来说是个交换的过程。[①] 按照布劳的社会交换理论,社会交换过程包括吸引、竞争、分化、整合与治理。他认为,社会交换的发生始于社会吸引,社会吸引是刺激人们进行交换的前提条件。当行为者发现对方拥有自己所需要的社会资源,而又确信对方愿意提供这种资源的时候,他们之间就产生了社会吸引。在此基础上,各个行为者遵守交换规则,社会交换过程就开始了。竞争是社会交换得以实现的途径。在交换关系中各方都尽力显示自己的报酬能力,以吸引其他人同自己交换。他同时指出,交换中竞争的每一步结果都推动着群体内部结构的分化,那些拥有丰富的或稀缺的社会资源的人在群体中获得了较高的交换地位。他们作为为数不多的资源提供者而拥有众多的回报来源,可以自由选择自己的交换对象。而没有什么资源的其他成员只得处于较低的交换地位,他们选择自己交换对象的余地很小。不可忽视的是,结构分化也会引起治理机制分化,反过来,治理机制分化也可导致群体治理,从而引发结构分化。

在费里曼(Freeman L.)看来,社会是一种有意识的个体之间"互动过程",这种互动过程构成了个体之间的复杂的社会关系网络,这种社会关系网络确保了个体之间信息沟通和情感交换的顺利进行。个体的互动与交流越多,他们越可能共享情感,越可能参加集体活动。同样的,个体共享情感越多,他们越可能互动和参加活动。[②] 林南(Lin N.)也认为,个体行为者可能在共同利益上进行互动,但他们也会将他们个人资源带入互动情景之中。互动是个人在社会中获得社会联系的基本方式。[③] 面对环境可持续发展

① 季文,应瑞瑶.农村劳动力转移的方向与路径:一个宏观社会网络的解释框架[J].江苏社会科学,2007(2).

② Freeman L. The Development of Social Network Analysis[M]. Vancouver: Empirical Press,2004.

③ Lin N. Social Capital and the Labor Market: Transforming Urban China[M]. NY: Cambridge University Press,2007.

视角,东村渔民个体需要和其他个体进行资源的交换,从其他渔民身上获得环境治理的资源与优势。因为交换与互动,渔民个体可以组成小的行为团体,进而形成行为组织,最终影响社会结构的构成。

东村渔民的环境利益是村级治理的重要内容。渔民们面对的首要任务是维护自身利益,减少环境外部性。虽然每位渔民都希望获得环境治理的好处,都希望以最小损失获取最大利益,但他们的收益是不均衡的,有的收益多,有的收益少。在拥有丰富村集体资源的前提下,村干部可以利用这些资源,对渔民的利益进行均衡匹配。但在东村,集体经济资源主要为渔业资源,较为单一,不利于作为利益均衡的手段。在这种情况下,周×伟本人的社会资本就能发挥重要的作用。他需要动员经济因素以外的一切要素来影响渔民们的环境行为。在缺乏村级民主机制的条件下,周×伟虽然缺乏提取渔民资源的能力,但他可以通过村代会来动员渔民,可以通过自己的身体力行来带动渔民,也可以通过乡村精英来间接影响渔民。例如,若周×伟的某项动议在村代会中遇到坚定的反对者,那么周×伟可以事先将村里的头面人物(乡村精英)请到村会议室,开个议事会,获取他们的支持后,再将他的动议提交村代会,就可以减少他在村代会的阻力。

东村渔民以特定情境为参照,注入特定的情感(或信任或怀疑),并以此来界定彼此的关系。这种"特定的情境"已经赋予了他们某种"做什么与不做什么"的规定性。这种规定性内化的结果就是东村渔民个体的价值理性。在价值理性的关照下,渔民的互动并非单纯的利益考量,而是在完成潜在的差序互动,行为者对对方存在"互惠测预期"。在以"人情与面子"为基石的中国人交往模式下,可将相关的人分为"请托者"和"资源支配者"。当请托者要求资源支配者将他所掌握的资源对请托者做较有利的分配的时候,资源支配者心目中所考虑的首要问题就是"我和对方是什么样的关系"?潜移默化在渔民心中的所谓"有礼"和"无礼"支配着他们的行为。东村渔民所体现的"关系理性"是一种价值型的"关系理性"。

　　环境资源作为一种稀缺资源,其配置方式也遵循着社会变迁的规律。在现代性的冲击下,东村的资源配置并非处在"真空状态",渔民在利益的驱动下必然会寻求"关系"这种非制度性的渠道来完成资源的获取。此时,渔民的"关系理性"就从一种价值理性成长为一种工具理性。杨善华认为,这正反映了"差序格局的理性化"的趋势,在市场经济等利益导向机制的影响下,利益成为差序格局中决定人际关系亲疏程度的重要变量。① 从中心向外围拓展,格局中成员的工具性价值逐级递减。虽然亲属和非亲属都被纳入格局之中,但社会联系的紧密程度与利益关联有密切联系。渔民对"关系"的认同和利用是建立在利益基础之上的,即有目的地将关系作为获取资源的重要手段。渔民从被动地接受"关系",变为了主动地靠近"关系",实际上就是选择对自己有用的"关系"。此时的"关系"以社会资本的形式进行运作,其实质就是"关系的资本化"。换言之,当渔民将特定的"关系"工具性进行运作以达到功利化目标的时候,"关系"本身就被当作了一种能够带来更多社会资源的特殊社会资源。"关系"产生了"价值增值"的作用,从而也就成为一种资本。②

　　布劳的逻辑体系有一个很清晰的前提预设,那就是交换双方都是"理性的经济人",交换遵循的是"利益最大化"的原则。但人并非是单纯的"经济人",其群体性决定了他不仅要以利益的最大化来满足自己的物质欲望,也需要社会的认同来满足其社会需求。而且,就中国社会而言,"关系理性"已经长久地渗透在国人的意识之中。所以,从这个意义上来说,我们可以将布劳的社会交换理论在中国乡村社会中进行一个改造性的借用,并以此来揭示当下乡村社会中"关系的资本化"的实质:① 当"关系"的投资方可以通过

____

　　① 杨善华.改革以来中国农村家庭三十年——一个社会学的视角新的重大课题[J].江苏社会科学,2009(2).

　　② 刘军.社会网络模型研究论析[J].社会学研究,2004(1).

"义务"或"情感"使"关系"的目标方与之发生交换的时候,关系的资本化过程是可以进行的。② 当"关系"的投资方无法通过"义务"或"情感"来为"关系"的目标方提供互惠的预期的时候,他只能通过纯粹的利益交换来换取"关系的资本化"。这也印证了林南关于社会资源效应的假设:"人们拥有的社会资源越丰富,工具性行为的结果越理想。"①

四、资本跨层治理分析

对于东村社会资本跨层治理分析,我们从微观、中观与宏观,以及行为与结构的角度来进行分析。

(一)微观、中观与宏观

我们从微观(个人)、中观(团体)与宏观(国家)三个层面对社会资本进行分析与定位。微观层面社会资本指的是行为者通过社会网络来获得个体所需资源的途径,它侧重于面对面的交往;中观层面社会资本指的是行为者在局部的社会结构中所处的特定位置,它侧重于社团单元和组群单元的相互作用;宏观层面社会资本指的是社会或国家中特定群体对社会资本的占有和利用状况,它指特定的社会制度与政权架构之间的相互关系。从宏观、中观、微观三个层次上进行分析,有利于厘清社会资本的构成。图5-2可以清晰地表示出这种关系。

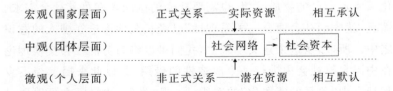

图5-2 社会资本的3个层面[特纳(Tener),2005;林南,2005;布迪厄,1991]

---

① Lin N. Social Capital: A Theory of Social Structure and Action[M]. NY: Cambridge University Press, 2001.

正如图 5-2 所示,东村渔民也受这三种层面的关系相互影响,构成了复杂的渔村社会资本谱系。根据布朗提出的宏观社会资本网络、中观社会资本网络和微观社会资本网络三个概念,我们将东村的社会资本进行层级分析(图 5-3)。

宏观分析层面　　　　权力场域(政府机构)——国家层面

中观分析层面　　　　社团单元(村委会)　——组织层面

微观分析层面　　　　个体单元(渔民个体)——个人层面

图 5-3　东村社会资本层级分析

在微观层面上,虽然是以家庭为主要单元来开展行为,但个人在社会网络中的行为独立性逐渐加强。微观层面的互动是遵循着以下两种空间逻辑来运行的:① 社会空间逻辑。这里主要指的是血缘关系网络。以家庭血缘关系为导向的传统社会网络依然是渔民个体互动的主线。血缘关系越近,互动的可能性越大,社会资本形成的可能性也越大,反之亦然。在推选村主任周×伟的过程中,周姓渔民在选举前的动员、选举过程的组织中发挥了不可小觑的作用,差序格局在转型中依然具有现实意义。② 地理空间逻辑。渔民在地理空间里的相对位置也影响着他们之间互动的强度与程度。渔民在地理空间的相对位置越是相关,他们之间互动的概率就越大,反之亦然。三组渔民虽然姓氏不一,血缘关系不深,但他们的养殖区域连在一起,空间距离小,同时受到了工业园区污水的影响,他们需要团结行为以治理环境污染,从而形成较为紧密的利益共同体。

在中观层面上,自治组织(如村委会)、互助合作组织(捕捞协会、螃蟹合作社、养鸭协会等)影响着渔民的日常行为。这些组织的外部规范和内部规范是促使其成员获取社会资本的关键:① 外部规范是指相对泛化、具有普遍意义的标准。在村庄转型的情况下,渔民的身份多元化,他们的某种身份(如村委会成员、蟹农、养殖技术员)就成为某个组织的准入门槛,拥有这个身份的个体就更易于获得相应的社会资本。② 内部规范是不同的组织在发展过程中所遵循的各自的价值规范与行为准则。遵循组织内部规则的渔民意味着个体和组织互动的可能性较大,更易于融入组织并获得认可,从而有机会获取组织内部的较高职位,从而取得更大的社会资本。例如,周×伟在竞选村主任之初,虽然没有获得镇里的支持,但他参与过大大小小的村务活动,善于观察村务活动的规律,更重要的是,他敢于在村代会上阐述自己关于环境治理的观点,而湖区的生态环境正是渔民最为关切的内容。正是周×伟的这些特点,才使他获取大多数渔民的信任,顺利当选村主任。

在宏观层面上,各级政府、各级管理部门在实施对湖区的管理过程当中,与渔民形成了互动关系。宏观层面的社会资本是受到特定时期社会政治经济制度的影响。在计划经济时代,国家政权对湖区的绝大部分资源进行了直接垄断,从而成为湖区生产资料的垄断者和配置者,资源控制呈现出自上而下的垂直分配格局,横向的地理区域之间的互动几乎不存在。湖区的污染主要靠行政命令来解决,污染问题也局限于各自的行政区域之内。社会资本出现"国家—精英—民众"3 个层面。随着计划经济的解体与政治体制改革的推进,国家在湖区的治理机制减弱,民众的治理机制逐渐增强,处于中间层面的"精英"呈现分别向"国家"和"民众"两极分化的趋势。因此,原有的社会资本的 3 层结构转变为"国家—民众"的 2 层结构,资本的对抗更加直接与剧烈。在湖区污染问题上,东村渔民与上层治理机制(镇政府、湖管会等)产生了直接对抗,这也印证了林南关于社会资本的分类。林南将等级制结构中的组织和体制放置在同一个视野中考虑,也就是将宏观和中观放在一起予以考虑,从而将资本分为个人社会关系和制度化等级制两种类型。其中,个人社会关系代表着正式性较弱的社会结构,而制度化等级制则体现了较强的"正式结构",它代表着一整套体现合法的强制性的关系（控制链），对某些有价值资源进行控制和利用。[①]

不同层次社会资本之间存在着内在逻辑关系也是显而易见的：① 从微观角度出发，个体之间的社会关系是最基本的社会关系。渔民个体通过互动，达成行为共识。这是一个非正式组织的开端，形成对某些资源控制和利用的结构，中观层次的社会组织在此基础上逐渐形成。② 从中观角度出发，中观层次的社会组织通过等级制的权威架构和资源控制，进而形成稳定的社会结构，这种结构经过长时间的社会检验，逐步固化并上升为国家层面的制度形式，从而形成宏观结构。③从宏观角度出发，国家制度体系成为社会个体的行为背景，而微观或宏观的行为又不断地建构宏观场景。渔民个体的环境治理的每一个过程，都显示了他们在宏观社会结构中不断变化的位置与可控制资源。

（二）行为与结构

行为与结构是资本治理分析不可缺少的部分：① 从行为方面上来看，在特定的时空状态下，其行为过程可以总结为：资本差异—资本吸引—网络调整—投资实施—资本形成。行为者通过行为将自己"嵌入"新的资本体系之中，这种"嵌入"使得行为者拥有了更多的社会资源。② 从结构方面上来看，行为者之间是相互关联的，社会行为是互动的，正如韦伯曾说，行为者的主观意义中就包含有对他人行为的考量。这种关联与互动就形成了结构。因此，基于资本构建的社会行为往往涉及多个行为者，从而导致资本治理。

东村的社会资本治理有其独特的地方。从行为层面上来看，东村的精英与非精英、体制内精英与体制外精英，他们之间从社会吸引到关系定位，再到关系的投资或动员，再到社会资本的形成，

---

① 　 Lin N. Social Capital and the Labor Market：Transforming Urban China[M]. NY：Cambridge University Press，2007.

都经历了一个持续的行为过程。行为者这一有目的的运作过程建立起可以给自身带来利益增值的资本,东村的环境治理正是资本治理的集中体现。在环境治理中,社会资本不断运作,相互融合与治理,行为者试图通过资本运作来达到个人社会资本的最大化。

从结构层面来看,东村的社会资本主要是渔民的环境治理行为所产生的结构性后果,而这一结构性后果对"结构"内所有东村渔民产生了整体性的影响。资源的重构需要互惠的信任,互惠的信任使互动双方在回报原则的驱使下发生着互动,而互动又增强了互惠信任,同时以互惠信任为基础的回报原则是作为一种规范而存在的。也就是说,行为者"行为的结构性后果",虽然是由行为者互动所产生的,但它作为一种"结构性特征",既有利于行为者行为的完成,也制约着行为者的行为。所以,若对差序格局本身再理解,已经很难把握当下的中国乡村社会性质。作为对差序格局这一概念的拓展性理解的"圈子",对于当前东村的社会性质而言,或许具有一定的解释力。

总之,社会资本作为一种能带来资源的资源,可以为资本所有者带来一定的利益,而资本的治理则为资本的成长与消退提供了可能性。东村渔民根据关系网络的特征寻求适当的社会投资策略。同时,东村渔民之间的关系网络也是他们资本投资的产物。渔民在环境治理中有可能把偶然关系(邻里关系、工作关系等)和亲属关系转变为长久存在的信任关系。当这种信任关系逐渐转化为某种"体制化"的联系并成为人们获取资源的重要手段时,这种关系网络便变成了社会资本。中国渔村的这种网络构建,拓展了布迪厄关于社会资本与网络结构之间关系的论述,即社会资本作为实际的或潜在的资源集合体,与社会网络结构有着不可分割的联系。

第四节 本章小结

这一部分对东村的社会资本进行了整体解读，主要包括东村的社会资本分析、资本的跨层治理以及其影响。

1. 社会网络

总体而言，东村的社会网络关系呈现不均衡的状态。我们从关系强度和分布状态两个方面进行了分析。

在关系强度方面，有"强关系"和"弱关系"之分。渔民内部和企业老板内部各自呈现出"强关系"特征，成员之间来往较为密切，信息交流比较充分，相互可信任程度高。不过，两者之间的关系特征有着明显的区别：渔民之间的"强关系"是以强大的血缘关系成为基础，社会网络主要以亲友和朋友两类强关系组成，社会网络发挥作用的形式以提供人情为主、以传递信息为辅；而企业老板之间的"强关系"是以利益关联为前提的，社会网络发挥作用的形式以传递信息为主、以提供人情为辅。虽然渔民群体和企业老板群体同属于"强关系"群体，但在"关系强度"方面，企业老板之间的关系强度不如渔民。"弱关系"则存在于渔民与企业老板之间。两个团体是异质的，他们之间的互动类型属于松散型而不是紧密型，相互信任程度小、利益关联不充分，甚至时有治理发生。

在分布状态方面，我们从广泛度、密切度和中介度 3 个维度来进行区分。整体而言，渔民群体的网络特点具有广泛度低、密切度高和中介度低的特点。反观化工园区的老板们，他们的网络特点呈现广泛度高、密切度低和中介度高的特点。在资本的建构过程中，企业老板不仅获得了自身行为层面上的社会资本，而且也产生了"行为的结构性后果"，即资源的重构。企业老板往往会配合政府做好相关的赔偿工作，而政府也会告诫渔民不要"积极治理"，保证企业的正常运作。

2. 企业老板社会资本分析

腾飞化工园里的企业老板们在社会网络中占据着各自的位置,从而形成网络上的纽结,多个纽结组成一个网络,拥有各种各样的资本。他们依据其在社会网络中的位置以及资本的类型,同其他行为者进行着资本竞争和交换;同时,这些企业老板的行为动机与行为过程是持续变化的,从而导致社会网络的不断调整与变化。我们从个体(杨老板)和整体(腾飞化工园的老板们)的角度进行了分析:① 从杨老板的角度进行考察。在化工园的诸多老板中,顺发化工厂的杨老板最具有代表性:人到中年,事业有成,头脑灵活,精明强干,关系活络。我们以杨老板为中心,以点带面,详细分析企业老板们的社会资本。杨老板的社会资本实际上是一种持续存在的社会关系,这些关系主要有信任关系、权威关系以及治理机制分配关系。② 从腾飞化工园老板进行整体考察。腾飞化工园老板们代表了一个精英群体,这个精英群体在社会活动中拥有较多的资源优势(如治理机制资源优势、经济资源优势、人际网络资源优势)。腾飞化工园的老板们所构成的精英群体则经历了从异质分歧型到异质团结型的转化。企业老板们来自不同的地方,年龄相去悬殊,文化背景也各不一样,因此,在对待渔民的环境治理上,态度各不一样。

3. 渔民社会资本分析

关系资本化的本质就是投资方和资源占有方之间进行交换。关系资本化过程,实际上就是东村渔民的"行为路线图"。投资方往往积极寻找他所要投资的对象。资源的所有者也愿意交换自己的部分利益,不断丰富自己的资源。在交换过程中,双方会互嵌于对方的网络之中。投资方通过情感性关系和义务性关系,不断实现双方关系的资本化和网络互嵌状态。

东村渔民的环境利益是村级治理的重要内容。渔民们面对的首要任务是维护自身利益,减少环境外部性。虽然每位渔民都希望获得环境治理的好处、都希望以最小的损失获取最大的利益,但他们的收益是不均衡的,有的收益多,有的收益少。

东村渔民以特定情境为参照,注入特定的情感(信任或怀疑),并以此来界定彼此的关系。这种"特定的情感"已经赋予了他们某种"做什么与不做什么"的规定性。这种规定性内化的结果就是东村渔民个体的价值理性。在价值理性的关照下,渔民的互动并非单纯的利益考量,而是在完成潜在的差序互动,行为者对对方存在"互惠测预期",东村渔民所体现的关系理性是一种价值型的关系理性。

环境资源作为一种稀缺资源,其配置方式也遵循着社会变迁的规律。在现代性的冲击下,东村的资源配置并非处在"真空状态",渔民在利益的驱动下必然会寻求"关系"这种非制度性的渠道来完成资源的获取。此时,渔民的"关系理性"就从一种价值理性成长为一种工具理性。杨善华等人认为,这正反映了"差序格局的理性化"的趋势,在市场经济等利益导向机制的影响下,利益成为差序格局中决定人际关系亲疏程度的重要变量。

4. 资本跨层治理分析

对于东村社会资本跨层治理分析,我们从微观、中观与宏观,以及行为与结构的角度来进行分析。① 在微观层面上,虽然是以家庭为主要单元来开展行为,但个人在社会网络中的行为独立性逐渐加强。② 在中观层面上,渔民自治组织(如村委会)、互助合作组织(捕捞协会、螃蟹合作社、养鸭协会等)以及影响尚存的传统村治秩序等影响着渔民的日常行为。组织的外部规范和内部规范也是获取社会资本的关键。遵循组织内部规则的渔民意味着个体和组织互动的可能性较大,更易于融入组织并获得认可,从而有机会获取组织内部的较高职位,进而取得更大的社会资本。③ 在宏观层面上,各级政府、各级管理部门在实施对湖区的管理过程当中,与渔民形成了互动关系。宏观层面的社会资本是受到特定时期社会政治经济制度的影响。国家在湖区的治理机制减弱,民众的治理机制逐渐增强,处于中间层面的"精英"呈现分别向"国家"

和"民众"两极分化的趋势。因此,原有的社会资本的三层结构转变为"国家—民众"的二层结构,资本的对抗更加直接与剧烈。

从行为与结构的角度看,东村的精英与非精英、体制内精英与体制外精英,他们之间从社会吸引到关系定位,再到关系的投资或动员,再到社会资本的形成,都经历了一个持续的行为过程。行为者通过有目的的运作过程,建立可以给自身带来利益增值的资本。东村的社会资本主要凸显的是渔民在环境利益争夺上面有目的的行为所产生的结构性后果,而这一结构性后果对"结构"内的东村渔民产生了整体性的影响。

第六章

回顾、结论与展望

第一节　结论：环境治理与流变的乡土性

2005 年到 2015 年，短短的 10 年，可谓是星河一瞬，稍纵即逝。腾飞化工园从立项、选址、开工、生产、撤退，经历了不平凡的 10 年。在这 10 年中，政府与村民一起共同治理环境污染。整个过程构成了东村环境治理的全部画卷。10 年的环境治理，慢慢趋向平静。虽然治理已经消退，但却给东村带来了深刻的影响。整个治理过程却像一面棱镜，折射出渔村秩序的变迁。

一、家族关系的变化

由于环境污染以及其所引起的环境治理，东村两大家族之间及其内部关系产生了深刻变化。周氏家族的大多数成员以渔业生产为主，水污染加重了他们的生存危机感。同时，村庄生活世界朝理性化的方向发展，个人理性认知能力和反思性不断增加。相对于传统宗族而言，当代宗族功能逐渐削弱，宗族组织虽然还承担着一些功能（如文化功能），但已经逐渐式微。在这种背景之下，即使是看似团结的周氏家族，其成员的个性也开始在随后的环境治理中走向独立。这正符合哈贝马斯所说的"生活世界理性化"，即生活世界结构上的独立。在东村社会系统日益复杂和不断扩张的现状下，渔民的个人理性认知能力和反思性在不断增加。

除了周氏和张氏两大家族之外，东村还有其他的一些小的家族。这些大大小小的家族之间也呈现出一种交互的复杂关系，家族之间往往表现出既清晰、又模糊的边界。一方面，由于家族"集团"所固有的封闭性、排他性特征，致使集体行为的收益在分享上也会有十分清晰的家族边界。另一方面，大小"集团"之间的边界也会有所松动。虽然大姓家族会以自身强大的博弈能力占据治理机制场中的绝大多数的政治空间，但他们也会在选举的过程中积极实施各种行为，影响小姓家族，而无望当选的小姓家族也会在大姓家族之间寻求微妙的平衡，努力寻求适合自己的政治空间，以避免被排斥在核心治理机制之外。集团成员之间的吸引力不仅形成了一种归属感，而且能够通过一致的行为，在选举中形成对自己有利的政治格局，实现环境可持续发展视角的转移，满足集团成员的一种利益"期望"效应。

不过，小姓家族不会为了环境利益的缘故而与大姓家族实现完全的联合。小姓家族若希望与大姓家族走向完全的联合，将不可避免地会打破利益分享上的家族边界，而这种联合又很难迅速建构出准确而稳定的边界，以包容各个家族，最终会导致集体行为的解散，大小集团利益难以得到保障，通过选举来实现环境利益的愿望将会落空，这将是渔民们不愿意看到的结果。

二、乡规民约的淡化

20 世纪 80 年代以前，东村受着"伦理本位"的限制，遵循着村庄的规矩和约定，长幼有序、朋友有信、克己复礼、重诚守信、立志修身。虽然有可能存在不同的意见，但在强大的传统惯习面前，这些不同意见显得何其渺小。

自 20 世纪 80 年代以后，急剧的社会变迁使得老祖宗立下的规矩不再灵验,来自外界的强大力量不断冲击着传统秩序。[①] 特别是现代工业所带来的环境污染给传统的渔业生产和渔民生活带来了巨大的冲击,东村的乡村社会关联从较强的状态转向较弱的状态,经济分化程度从较低的状态转向较高的状态。这就促使村里的经济精英更愿意参与村庄事务,参与到环境的治理之中。一方面,他们关心湖水生态环境,因为湖水的生态质量与自己的渔业事业息息相关;另一方面,他们也希望借此来建立自己的社会资本,为自己的渔业事业发展提供更多的资源。

同时,渔民流动性变大。在利益多元化的前提下,渔民们清楚地认识到,凭借村庄传统资源已不能完全获取自身发展所需要的资源。对于那些不再从事渔业生产的村民来说,他们最大的愿望是在新的行业里创造自己的事业并获取更大的社会资本。于是,融入大社会并不断接纳日益丰富的现代性便成为渔民的理性选择。渔民社会交换的基本原则不再主要是人情原则,而是变为经济原则。

在经历了 10 年的"治理之痛"后,东村从"熟人社会"转向"半熟人社会",村庄秩序已经有了很大的改变:① 渔民趋向利益多元化,渔民之间很难形成紧密的利益共同体。② 渔民与村干部之间的互信程度虽然有所增加,但大多限于工作的范畴。

三、村治体系的嬗变

环境危机下的村干部之间、村干部与渔民之间以及东村与镇政府之间的互动关系具有重要意义。当东村由传统分配体制转向市场经济体制的时候,旧的制度在消亡,而新的制度却没能完全建立起来,这样一个制度的真空状态直接导致渔民无法进行真正意义上的自治,公平、效率还无法完全实现,这就可能导致渔民环境

---

① 王小章.“乡土中国”及其终结:费孝通“乡土中国”理论再认识——兼谈整体社会形态视野下的新型城镇化[J].山东社会科学,2015(2).

治理的失利。不论是村干部还是渔民都变为了自由竞争者。乡村干部仍然掌握着一些制度性的资源,这使作为自由竞争者的村干部比作为直接生产者的渔民更具有获取资源的某些优势。

村庄自治权属于权利实现机制,而非治理机制运行机制。权利的实现要通过法律的规定和司法的公正来实现,当村民的权利受到侵害时,他们可以通过行政、司法等手段得到帮助;治理机制的运行机制总体特征是以公共权威和国家强制力量为后盾,以治理机制的监督或制约为机理。东村渔民们希望通过选举来选出自己的"代言人",从而在环境利益的博弈中占据有利位置。村民自治不仅仅是国家治理乡村的一种方式,它也是村庄所有成员权利的集合。正是基于这一点,东村渔民在选举的前前后后都展现了极大的参与兴趣。在环境治理的问题上,东村的渔民自治权呈现双重性:从长远来看,渔民与非渔民的环境利益具有长期一致性;从短期来看,渔民治理机制是通过自治机构即村委会来具体实施的,因此对构成村民自治体的每个村民而言,村民自治权又是一种具有内部管理色彩的公共治理机制。

既然村民自治权是权利,那么,与村民自治权相对应的是村民自治义务的问题。[①] 村民自治义务问题包括:① 村民参与、共同决策村内事务等所有有关村民自治的事宜本身就是村民的一种自治范围内的义务,这是保障村民选举、村务决策等自治行为的合法性、合自治原则性的一种义务;② 村民不随便放弃村民自治权,是村民在自治范围内的一种义务。如果大家都放弃自己的自治权,不参与自治行为,村民自治就不会持久地推行和开展下去。[②]

① 徐增阳,湛艳伦.行政化村治与村民外流的互动——以湖南省 G 村为例[J].华中师范大学学报(人文社会科学版),2000(2).
② 聂爱文.找寻历史与现实的结合点——评孙秋云著《社区历史和乡政村治》[J].中南民族学院学报(人文社会科学版),2003(1).

四、社会资本的波动

社会资本在中国农村的表现形式主要有四种，即以血缘、姻缘、亲缘关系为基础的家族宗族网络所形成的社会资本，以功能性组织为基础的功能性网络所形成的社会资本，以习俗宗教信仰等为基础的象征性活动网络所形成的社会资本，以地缘和业缘等同样经历为基础的一般人际关系所形成的社会资本。[①] 我们发现，在探讨东村社会资本对环境治理的影响时，表现最明显的是家族与宗族网络。当然，我们也同时可以看到精英网络（企业老板和富裕的渔民）、功能性网络、一般人际关系网络的影响。

由于社会资本嵌于一定的网络之中，所以获取这种资源的多少取决于每位行为者自身调动资源的能力。村庄社会资本的最终目的是使得村庄获得自我发展和自我保护的功能。所谓自我发展，就是指村庄能在经济、社会、文化等方面获得全面的、均衡的、可持续的发展；所谓自我保护，则指村庄在发展的同时，不断地成功应对各种阻碍发展的挑战（如乡村记忆断裂、环境下降等）。

社会资本有积极与消极之分。所谓积极社会资本，就是指网络中的信任与互惠关系有利于网络成员的利益实现或集体行为的达成，反之则是消极社会资本。积极社会资本与消极社会资本其实是一个事物的两个方面，是相对来说的，而不是截然对立的两个事物：① 对此是积极的社会资本，而对彼可能是消极的社会资本；② 对于这个网络成员而言是积极社会资本，而对另一个网络成员来说是消极社会资本；③ 有利于这种网络集体行为而达成的积极社会资本，却有害于另一种网络集体行为而产生消极社会资本。[②] 从实践上看，对于中国农村治理来说，社会资本因素就像一把双刃

---

① 胡涤非.农村社会资本的结构及其测量——对帕特南社会资本理论的经验研究[J].武汉大学学报（哲学社会科学版），2011（4）.

② 康建英.农民专业合作社发展中社会资本流失的成因及对策研究[J].中州学刊，2015（2）.

剑,既有积极的一面,也有消极的一面。积极的社会资本有利于促进农村治理的发展,符合农村社会和经济发展的要求;消极的社会资本则可能不利于农村民主治理与善治的实现,妨碍农村社会和经济的发展与进步。

无论是体制内还是体制外的治理精英,他们都生活在"低头不见抬头见"的乡村社会,都生活在交织着的社会网络之中(如宗族、血缘、邻居、朋友等),都必然受到社会资本因素的影响。[①] 对于体制内的治理精英来说,他们除了得到体制赋予的治理合法性(法律合法性),他们所行使的治理机制仍然还需要得到广大村民的认可和承认。那么,各种网络则为他们行使治理机制提供可能性和政治合法性。对于体制外的民间精英来说,他们仍然需要得到来自普通民众的支持与认可。[②]

村委会是村级治理的法定自治机构,是政府主导的农村民间组织。同时,我们也不能否认,作为农村社会资本形式之一的功能性组织网络在村级治理过程中也发挥越来越大的作用。随着功能性组织网络的完善和发展,它们对村级治理的影响也将越来越重要,甚至成为促进农村治理和善治的重要社会资本途径。虽然功能性组织网络对中国农村治理产生的影响还没有特别明显地表现出来,但我们可以推断,功能性组织网络将在农村治理中发挥越来越重要的作用,这需要一个转变过程。[③]

第二节 研究展望

社会发展是一个螺旋式上升的过程,遵循着"有序稳定—无序失衡—更高层次的有序稳定"的发展路径。以目前中国农村社会

---

① 贺雪峰.关中村治模式的关键词[J].人文杂志,2005(1).
② 贾永梅,胡其柱."乡土社会":以费孝通先生《乡土中国》为参照的解读[J].中国社会科学院研究生院学报,2010(6).
③ 免平清.社会资本视野中的乡村社区发展[J].河北学刊,2009(1).

的政治经济环境为基础,解释环境变迁下的乡村发展,探讨环境可持续发展视角下的村级治理机制、社会资本、社会网络等,具有重要意义。本研究只是笔者的一个尝试,还有很多需要进一步探讨的问题,在这里提出一些来,诚恳地求教于各位,以利这项研究的深入。未来的农村社会与环境可持续发展视角的关系研究,可能至少需要从以下三个方面进行思考。

一、环境治理中的村治体系内外的治理机制平衡

由于污染而引起的村治体系中各种政治治理机制之间的平衡,是一个复杂、动态的过程,这个过程涉及村治体系本身以及村治体系以外的诸多因素的影响。在村治体系内部,村民自治是我国农村最普遍的治理实践。村民自治就是村民的自我管理、自我教育和自我服务的过程,主要包括民主选举、民主决策、民主管理和民主监督这几个方面。以备受关注的村庄选举为例,村庄选举本身是一个复杂的过程,不同的宗族、同一宗族内部不同的利益团体等,都会对选举产生影响。[①] 环境因素的叠加则使其更加复杂。由于环境因素是一个相对复杂、多变的过程,因此,要观察环境可持续发展视角对于村庄选举的影响,需要相当细致的观察。再以农村民主决策制度为例,村支书、村主任、村代会、宗族势力等,都在村治体系中起到关键作用。

村治体系内部出现了两种新动向:第一,家族宗族势力重新集结。家族宗族势力或者派性等对农村民主选举的不利影响重新抬头,出现了所谓的"组合竞选模式",先"组阁"后"竞选",即首先由村民分别提名村委会主任、副主任和委员人选,然后由村委会主任候选人在村民提名的副主任和委员人选中,挑选各自的村委会组成人选,组成自己的竞选班子,共同参加竞选。第二,各种跨越宗族的利益团体(如养殖协会、互助协会等)蓬勃发展,互帮互助、相

---

① 陆益龙.后乡土中国的基本问题及其出路[J].社会科学研究,2015(1).

互合作。

而在村治体系以外,区(县)或乡(镇)政府在环境利益治理中往往具有双重身份。它们既是公共利益的代表,又是自身利益的代表。在某一特定情况下,政府直接作为治理的一方,为实现自身利益最大化而与公共利益发生治理;而在另一种情况下,它又充当了公共利益代表的身份,在其他政府主体与公共利益的治理中进行协调。①

在环境可持续发展视角下,既然村治体系内外的治理机制平衡受到各种力量的影响,那么这些不同力量的影响程度与范围是什么?环境可持续发展视角发生的各个阶段,这些力量之间是如何博弈的?乡村治理的三个主要要素,即乡村治理主体、乡村治理结构和乡村治理过程表现出怎样的特点?上级政府在环境博弈中应该采取何种立场?作为国家政权的基层机构、作为国家治理机制渗入农村社会的末梢,乡(镇)是乡与村互动最频繁和最直接的场所,是"乡政"与"村治"结合最紧密的地方。那么,"乡政"与"村治"的契合点在哪里?他们之间如何取得平衡?这些问题都需要进一步研究。

二、环境治理中的网络与资本的互嵌

人们之间总是结成一定的关系,但并非所有的"关系"都能形成社会资本。在同一村庄,人们共同生活在一个地域,共享一片山水,共同获取环境利益,共同承担环境责任,相互之间形成了某种网络。但他们之间可能并没有形成某种社会资本。只有当共享某一特征或某些特征的人,由于共同遵守某些规范,并依据相同的规范参与相关的活动,而且由于参与而强化着这些共同的规范,这时,人们之间结成的动态关系就可能产生以信任、互惠、合作为表

---

① 袁方成,李增元.农村社区自治:村治制度的继替与转型[J].华中师范大学学报(人文社会科学版),2011(1).

征的社会资本。①

　　农村社会的环境治理确实为中国社会资本的经验研究和理论研究提供了丰富的资料。曾经紧密的宗族团体可能因为环境利益的分野而解体，反过来，松散的地缘关系可能因为环境利益而变得更为紧密，从而形成较强的社会资本。环境资源作为一种稀缺资源，其配置方式也遵循着社会变迁的规律。在现代性的冲击下，农村的资源配置并非处在"真空状态"，渔民在利益的驱动下必然会寻求"关系"这种非制度性的渠道来完成资源的获取。渔民对"关系"的认同和利用，是建立在利益的基础之上的，即有目的地将关系作为获取资源的重要手段。渔民从被动地接受"关系"，变为了主动地靠近"关系"，实际上就是选择对自己有用的"关系"。此时的"关系"以社会资本的形式进行运作，其实质就是"关系的资本化"。

　　农村的精英与非精英、体制内精英与体制外精英，他们之间从社会吸引到关系定位，再到关系的投资或动员，再到社会资本的形成，都拥有其独特的轨迹，而环境治理正好能恰当地反映这种轨迹的种种特征。社会资本作为一种能带来资源的资源，可以为资本所有者带来一定的利益，资本所有者试图通过资本运作来达到个人社会资本的最大化。在环境治理中，社会资本不断地运作，不断地治理与融合，为其自身的成长与消退提供了可能性。

　　因此，在环境治理中，社会资本与网络互动的主要表现形式、影响村级治理的途径是什么？社会资本作用于村级治理的功能、主要表现形式、作用机制、功能如何描述？如何改进和完善制度安排，以减少消极社会资本的影响？如何从社会资本与社会网络的角度切入农村环境问题探讨？农村社会资本如何通过环境利益博弈来影响乡村治理结构以及治理过程？如何促进村级治理走向民

---

　　① 杨小柳.乡村权力结构中的经济能人型村治模式——基于5个村庄个案的分析[J].中南民族大学学报（人文社会科学版），2005（3）.

主治理与善治的社会资本途径？这些都是摆在我们面前的新课题。

三、环境治理中的农村社会变迁新动向

随着经济社会的发展,村民的自主性增强,村民流动性变大,利益需求取向增强。在利益多元化的当下,村民们清楚地认识到,凭借村庄传统已不能完全获取到市场发展所需要的资源。于是,搁置村庄传统、融入大社会并不断接纳日益丰富的现代性便成为村民的理性选择。

以社会多元化为背景的现代性社会关联促成了契约精神和现代社会规则的建立,人们的社会交换的基本原则不再是人情原则,而是经济原则。[①] 渔民之间的利益之争更加尖锐,渔民在村级事务上的挑战更加突出。传统型社会关联与现代性社会关联并存,农村社会呈现理性化的特征。亲属家庭走到一起除了沟通感情以外,也为了在生产上的合作和经济上的互利,工具性关系逐渐加强,这就使得建立在传统社会资本基础上的集体一致性行为愈发变得不再可能。

那么,在利益分化的条件下,环境治理对变化中的中国农村有着什么样的影响？反过来,宗族治理机制与地方政府治理机制的相互交织对于环境治理又有着怎样的影响？在环境利益上,宗族治理机制与地方治理机制之间的环境治理又是怎样的一个过程？在经济发达与经济落后的地区,环境治理的过程与方式有何不同？对于同一个村庄来说,处在不同经济发展时期或不同政治环境下,环境治理有着怎样不同的表现？这些问题需要我们做出进一步的回答。

日月星辰,万类同辉。人类社会与自然世界分别处在光谱的

---

① 董江爱,崔培兵.村治中的政治博弈与利益整合——资源型农村选举纠纷的博弈分析[J].中国农村观察,2010(2).

两端,而其间的重叠和互动则呈现出绚烂多姿的色彩。毫无疑问,人类社会对自然环境产生了深刻的影响;反之,自然环境的变迁也对人类社会的发展产生了巨大的冲击,其影响渗透于技术体系、经济结构、政治制度、文化意识、宗教信仰以及风俗习惯之中,成为社会演进不容忽视的动力之源。

参考文献

一、中文文献

[1] 白锡堃. 合理选择论——科尔曼《社会理论基础(上卷)述评[J]. 国外社会科学,1997(7).

[2] 包先康,李卫华,辛秋水. 国家政权建构与乡村治理变迁[J]. 人文杂志,2007(6).

[3] 边燕杰,郝明松. 二重社会网络及其分布的中英比较[J]. 社会学研究,2013(2).

[4] 陈阿江. 从外源污染到内生污染——太湖流域水环境下降的社会文化逻辑[J]. 学海,2007(1).

[5] 陈阿江. 水污染事件中的利益相关者分析[J]. 浙江学刊,2008(4).

[6] 陈阿江. 制度创新与区域发展——吴江经济社会系统的调查与分析[M]. 北京:中国言实出版社,2000:228-256.

[7] 陈柏峰. 从乡村社会变迁反观熟人社会的性质[J]. 江海学刊,2014(4).

[8] 陈锋. 分利秩序与基层治理内卷化资源输入背景下的乡村治理逻辑[J]. 社会,2015(3).

[9] 陈锋. 从治理政治、底层政治到非治理政治——农民个体环境行为研究视角的检视、反思与拓展[J]. 南京农业大学学报(社会科学版),2014(1).

[10] 陈涛. 中国的环境治理:一项文献研究[J]. 河海大学学报(哲学社会科学版),2014(3).

[11] 陈兴贵.一个西南汉族宗族复兴的人类学阐释——重庆永川松溉罗氏宗族个案分析[J].广西师范大学学报(哲学社会科学版),2013(1).

[12] 陈宇,曾宪平.家庭、宗族与乡里制度:中国传统社会的乡村治理[J].福建论坛(人文社会科学版),2010(1).

[13] 陈占江,包智明.农民环境抗争的历史演变与策略转换——基于宏观结构与微观行动的关联性考察[J].中央民族大学学报(哲学社会科学版),2014(3).

[14] 陈占江,包智明.制度变迁利益分化与农村环境治理[J].中央民族大学学报(哲学社会科学版),2013(4).

[15] 董江爱,崔培兵.村治中的政治博弈与利益整合——资源型农村选举纠纷的博弈分析[J].中国农村观察,2010(2).

[16] 董颖鑫.社会变迁与乡村治理转型——基于村民自治对乡村典型政治影响的分析[J].求实,2013(8).

[17] 费孝通.乡土中国[M].北京:北京大学出版社,2012.

[18] 高恩新.社会关系网络与集体环境行为——以 Z 省 H 镇的环境治理行为为例[J].中共浙江省委党校学报,2010(1).

[19] 龚虹波.论"关系"网络中的社会资本——一个中西方社会网络比较分析的视角[J].浙江社会科学,2013(12).

[20] 苟天来,左停.从熟人社会到弱熟人社会——来自皖西山区村落人际交往关系的社会网络分析[J].社会,2009(1).

[21] 顾金土,邓玲,吴金芳,李琦,杨贺春.中国环境社会学十年回眸[J].河海大学学报(哲学社会科学版),2011(2).

[22] 郭云南,张晋华,黄夏岚.社会网络的概念、测度及其影响:一个文献综述[J].浙江社会科学,2015(2).

[23] 韩鹏云,徐嘉鸿.乡村社会的国家政权建设与现代国家建构方向[J].学习与实践,2014(1).

[24] 贺雪峰.缺乏分层与缺失记忆型村庄的治理机制结构——关于村庄性质的一项内部考察[J].社会学研究,2001(2).

[25] 贺雪峰.村庄政治社会现象排序研究[J].甘肃社会科学，2004(4).

[26] 贺雪峰.乡村治理研究的三大主题[J].社会科学战线，2005(1).

[27] 贺雪峰.关中村治模式的关键词[J].人文杂志，2005(1).

[28] 胡涤非.农村社会资本的结构及其测量——对帕特南社会资本理论的经验研究[J].武汉大学学报(哲学社会科学版)，2011(4).

[29] 胡荣.理性选择与制度实施：中国农村村民委员会选举的个案研究[M].上海：上海远东出版社，2001:125.

[30] 胡荣，林本.社会网络与信任[J].湖南师范大学社会科学学报，2013(4).

[31] 胡军良.超越"事实"与"价值"之紧张：在普特南的视域中[J].浙江社会科学，2012(4).

[32] 贺雪峰.乡村治理区域差异的研究视角与进路[J].社会科学辑刊，2006(1).

[33] 胡联合，胡鞍钢.治理的社会功能与群体性治理事件的制度化治理[J].探索，2011(4).

[34] 奂平清.社会资本视野中的乡村社区发展[J].河北学刊，2009(1).

[35] 季文，应瑞瑶.农村劳动力转移的方向与路径：一个宏观社会网络的解释框架[J].江苏社会科学，2007(2).

[36] 贾永梅，胡其柱."乡土社会"：以费孝通先生《乡土中国》为参照的解读[J].中国社会科学院研究生院学报，2010(6).

[37] 景军.认知与自觉：一个西北乡村的环境治理[J].中国农业大学学报(社会科学版)，2009(4).

[38] 康建英.农民专业合作社发展中社会资本流失的成因及对策研究[J].中州学刊，2015(2).

[39] 兰林友.宗族组织与村落政治：同姓不同宗的本土解说[J].

广西民族大学学报(哲学社会科学版),2011(6).

[40] 郎友兴.走向总体性治理:村政的现状与乡村治理的走向
[J].华中师范大学学报(人文社会科学版),2015(2).

[41] 李松玉.乡村治理中的制度权威建设[J].中国行政管理,
2015(3).

[42] 梁漱溟.中国文化要义[M].上海:上海人民出版社,2011.

[43] 梁玉成.社会网络内生性问题研究[J].西安交通大学学报
(社会科学版),2014(1).

[44] 刘迁.布劳和达伦多夫的理论得以结合的几个条件[J].社会
学研究,1993(4).

[45] 陆益龙.后乡土中国的基本问题及其出路[J].社会科学研
究,2015(1).

[46] 罗家德,方震平.社区社会资本的衡量——一个引入社会网
观点的衡量方法[J].江苏社会科学,2014(1).

[47] 吕付华.失范与秩序:重思迪尔凯姆的社会团结理论[J].云
南大学学报(社会科学版),2013(2).

[48] 范和生,李三辉.论乡村基层社会治理的主要问题[J].广西
社会科学,2015(1).

[49] 刘春燕.中国农民的环境公正意识与行为取向——以小溪村
为例[J].社会,2012(1).

[50] 李晨璐,赵旭东.群体性事件中的原始抵抗——以这栋还存
环境治理事件为例[J].社会,2012(5).

[51] 李有学.制度化吸纳与一体化治理:传统社会的乡村治理
[J].江汉论坛,2014(6).

[52] 杨小柳.乡村治理机制结构中的经济能人型村治模式——基
于5个村庄个案的分析[J].中南民族大学学报(人文社会科
学版),2005(3).

[53] 刘军.社会网络模型研究论析[J].社会学研究,2004(1).

[54] 罗维,孙翠.乡村治理中的协商民主:发展瓶颈及深化分析

[J].农村经济,2013(8).

[55] 陆益龙.后乡土中国的基本问题及其出路[J].社会科学研究,2015(1).

[56] 罗亚娟.依情理治理:农民治理行为的乡土性——基于苏北若干村庄农村环境治理的经验研究[J].南京农业大学学报(社会科学版),2013(2).

[57] 聂爱文.找寻历史与现实的结合点——评孙秋云著《社区历史和乡政村治》[J].中南民族学院学报(人文社会科学版),2003(1).

[58] 潘敏.信任问题——以社会资本理论为视角的探讨[J].浙江社会科学,2007(2).

[59] 彭正德.农民政治认同与治理性利益表达[J].湖南师范大学社会科学学报,2009(6).

[60] 任丙强.农村环境治理事件与地方政府治理危机[J].国家行政学院学报,2011(5).

[61] 申端锋.治理政治,还是非治理政治——再论农民个体环境行为研究的范式转移[J].甘肃社会科学,2014(2).

[62] 沈毅.从封闭组织到社会网络:组织信任研究的不同视角[J].浙江社会科学,2008(6).

[63] 石发勇.关系网络与当代中国基层社会运动——以一个街区环保运动个案为例[J].学海,2005(3).

[64] 司开玲.农村环境治理中的"审判性真理"与证据展示——基于东村农民环境诉讼的人类学研究[J].开放时代,2011(8).

[65] 苏国勋.从韦伯的视角看现代性——苏国勋答问录[J].哈尔滨工业大学学报(社会科学版),2012(2).

[66] 汤汇道.社会网络分析法述评[J].学术界,2009(3).

[67] 唐国建,吴娜.蓬莱19-3溢油事件中渔民环境治理的路径分析[J].南京工业大学学报(社会科学版),2014(1).

[68] 田凯.科尔曼的社会资本理论及其局限[J].社会科学研究,

2001(1).

[69] 童志锋.历程与特点:社会转型期下的环境治理研究[J].甘肃理论学刊,2008(6).

[70] 童志锋.认同建构与农民集体行为[J].中共杭州市委党校学报,2011(1).

[71] 王虎学.个人与社会何以维系——基于迪尔凯姆《社会分工论》的思考[J].江海学刊,2015(2).

[72] 王林平.作为感性共通感和感性制度权威的集体表象——迪尔凯姆现代性问题解决方案的理论核心论析[J].江海学刊,2010(5).

[73] 王先明.现代化进程与近代中国的乡村危机述略[J].福建论坛(人文社会科学版),2013(9).

[74] 王晓毅.沦为附庸的乡村与环境恶化[J].学海,2010(2).

[75] 王小章.齐美尔论现代性体验[J].社会,2003(4).

[76] 王小章.现代性自我如何可能:齐美尔与韦伯的比较[J].社会学研究,2004(5).

[77] 王小章."乡土中国"及其终结:费孝通"乡土中国"理论再认识——兼谈整体社会形态视野下的新型城镇化[J].山东社会科学,2015(2).

[78] 王妍蕾.村庄权威与秩序——多元权威的乡村治理[J].山东社会科学,2013(11).

[79] 吴阳熙.我国环境治理的发生逻辑——以政治机会结构为视角[J].湖北社会科学,2015(3).

[80] 徐增阳,湛艳伦.行政化村治与村民外流的互动——以湖南省G村为例[J].华中师范大学学报(人文社会科学版),2000(2).

[81] 徐祖澜.传统中国乡村政治研究范式探析[J].广西社会科学,2015(7).

[82] 辛允星.农村社会精英与新乡村治理术[J].华中科技大学学

报(社会科学版),2009(5).

[83] 杨忍,刘彦随,龙花楼,张怡筠.中国乡村转型重构研究进展与展望——逻辑主线与内容框架[J].地理科学进展,2015(8).

[84] 杨善华.改革以来中国农村家庭三十年——一个社会学的视角新的重大课题[J].江苏社会科学,2009(2).

[85] 应星."气场"与群体性事件的发生机制——两个个案的比较[J].社会学研究,2009(6).

[86] 于建嵘.自媒体时代公众参与的困境与破解路径——以2012年重大群体性事件为例[J].上海大学学报(社会科学版),2013(4).

[87] 袁方成,李增元.农村社区自治:村治制度的继替与转型[J].华中师范大学学报(人文社会科学版),2011(1).

[88] 张国芳.传统社会资本及其现代转换——基于景宁畲族民族自治村的实证研究[J].浙江社会科学,2014(1).

[89] 张金俊.国外环境治理研究述评[J].学术界,2011(9).

[90] 张君.农村环境治理、集体行为的困境与农村治理危机[J].理论导刊,2014(2).

[91] 张世勇,杨华.农民"闹大"与政府"兜底":当前农村社会治理管理的逻辑构建[J].中国农村观察,2014(1).

[92] 张文宏.中国社会网络与社会资本研究30年(上)[J].江海学刊,2011(2).

[93] 张文宏.中国社会网络与社会资本研究30年(下)[J].江海学刊,2011(3).

[94] 张晓晶."非正式治理者":村治治理机制网络中的宗族[J].理论导刊,2012(9).

[95] 张玉林.环境治理的中国经验[J].学海,2010(2).

[96] 赵延东.社会资本理论的新进展[J].国外社会科学,2003(3).

[97] 郑杭生.抓住改善民生不放 推进和谐社会构建——从社会学视角领会十七大报告的有关精神[J].广东社会科学,2008(1).

[98] 周怡.共同体整合的制度环境:惯习与村规民约——H村个案研究[J].社会学研究,2005(6).

[99] 朱海忠.污染危险认知与农村环境治理——苏北N村铅中毒事件的个案分析[J].中国农村观察,2012(4).

[100] 朱伟珏.超越主客观二元对立——布迪厄的社会学认识论与他的"惯习"概念[J].浙江学刊,2005(3).

[101] 庄晨燕.理性行为与自我理论——从微观/宏观问题视角重读科尔曼[J].中南民族大学学报(人文社会科学版),2015(1).

[102] 庄孔韶,方静文.人类学关于社会网络的研究[J].广西民族大学学报(哲学社会科学版),2012(3).

二、译著

[1] 曼瑟尔·奥尔森.集体行为的逻辑[M].陈郁等,译.上海:上海三联书店,1995:71-80.

[2] 尤尔根·哈贝马斯.交往行为理论:论功能主义理性批判(第二卷)[M].洪佩郁,蔺青,译.重庆:重庆出版社,1993:35-40.

[3] 卡尔·马克思,弗里德里希·恩格斯.马克思恩格斯全集(第三卷)[M].中共中央马克思恩格斯列宁斯大林著作编译局,译.北京:人民出版社,1956:52.

[4] 韦伯.韦伯作品集(Ⅰ):新教伦理与资本主义精神[M].康乐,简慧美,译.桂林:广西师范大学出版社,2005:47.

[5] 韦伯.韦伯作品集(Ⅷ):宗教社会学[M].康乐,简慧美,译.桂林:广西师范大学出版社,2005:47.

[6] 詹姆斯·斯科特.弱者的武器[M].郑广怀,张敏,何江穗,译.南京:译林出版社,2011:37.

三、外文文献

[1] Adhikari K P, Goldey P. Social Capital and Its "Downside": The Impact on Sustainability of Induced Community-Based Organizations in Nepal[J]. World Development, 2010, 38 (2): 184 - 194.

[2] Agarwal B. A Field of One's Own: Gender and Land Rights in South Asia[M]. New York: Cambridge University Press, 1994.

[3] Amarasinghe O, Bavinck M. Building Resilience: Fisheries Cooperatives in Southern Sri Lanka[M]//Poverty Mosaics: Realities and Prospects in Small-Scale Fisheries. Dordrecht: Springer, 2011: 383 - 406.

[4] Bailey C, Faupel C E. Movers and Shakers and PCB Takers: Hazardous Waste and Community Power[J]. Sociological Spectrum: Mid-South Sociological Association, 1993, 13: 89 - 115.

[5] Barnes J A. Class and Committee in a Norwegian Island Parish[J]. Human Relations, 1954, 7: 23 - 33.

[6] Beck U, Giddens A, Lash S. Reflexive Modernization: Politics, Tradition and Aesthetics in the Modern Social Order[J]. Cambridge: Polity, 1994.

[7] Beck U. World Risk Society as Cosmopolitan Society: Ecological Questions in a Framework of Manufactured Uncertainties[J]. Theory, Culture and Society, 1996, 13 (4): 1 - 32.

[8] Beck U. World Risk Society[M]. Cambridge: Polity, 1999.

[9] Bell S E, Braun Y A. Coal, Identity, and the Gendering of Environmental Justice Activism in Central Appalachia[J].

Gender & Society, 2010, 24(6): 794 - 813.

[10] Bodin O, Crona B I. Management of Natural Resources at the Community Level: Exploring the Role of Social Capital and Leadership in a Rural Fishing Community[J]. World Development, 2008, 36(12): 2763 - 2779.

[11] Bourdieu P. Practical Reason on the Theory of Action[M]. Stanford: Stanford University, 1998.

[12] Bourdieu P, Chamboredon J, Passeron J. The Craft of Sociology. Epistemological Preliminaries[M]. Berlin/New York: de Gruyter, 1991.

[13] Buckingham S, Kulcur R. Gendered Geographies of Environmental Justice[M]// Spaces of Environmental Justice. Hoboken, NJ: Wiley-Blackwell, 2010.

[14] Bullard R D. Symposium: The Legacy of American Apartheid and Environmental Racism[J]. St. John's J Legal Comment, 1996, 9: 445 - 474.

[15] Bullard R D. Solid Waste Sites and the Black Houston Community[J]. Sociological Inquiry, 1983, 53 (2/3): 274 -288.

[16] Bullard R D, Wright B. The Wrong Complexion for Protection: How the Government Response to Disaster Endangers African American Communities [M]. New York: NYU Press, 2012.

[17] Burt R S. Structural Holes: The Social Structure of Competition[M]. Harvard University Press, 1992.

[18] Buttel F H. Environmental Sociology: A New Paradigm? [J]. American Sociologist, 1978, 13: 252 - 256.

[19] Čapek S M. The "Environmental Justice" Frame: A Conceptual Discussion and an Application [J]. Social

137

Problems，1993，40：5 - 24.

[20] Catton W R，Dunlap R E. Environmental Sociology：A New Paradigm[J]. The American Sociologist，1978，13 (1)：41 - 49.

[21] Catton W R，Dunlap R E. A New Ecological Paradigm for Post-Exuberant Sociology[J]. American Behavioral Scientist，1980，24：15 - 28.

[22] Clapp J. Toxic Exports：The Transfer of Hazardous Wastes from Rich to Poor Countries[M]. Ithaca，NY：Cornell University Press，2001.

[23] Coleman J S. Commentary：Social Institutions and Social Theory[J]. American Sociological Review，1990，5：23 - 36.

[24] Coleman J S. Social Capital，Human Capital，and Investment in Youth [M]//Youth Unemployment and Society. New York：Cambridge University Press，1994.

[25] Davidson D J，Freudenburg W R. Gender and Environmental Risk Concerns：A Review and Analysis of Available Research[J]. Environment and Behavior，1996，28：302 - 339.

[26] Dunlap R E，Catton W R Jr. Environmental Sociology[J]. Annual Review of Sociology，1979，5：243 - 273.

[27] Dunlap R E. Paradigmatic Change in Social Science：From Human Exemptions to an Ecological Paradigm [J]. American Behavioral Scientist，1980，24：5 - 15.

[28] Durkheim Émile. The Rules of Sociological Method[M]. New York：The Free Press，1982.

[29] Dynes R R. Disaster Reduction：The Importance of Adequate Assumptions About Social Organization [J].

Sociological Spectrum: Mid-south Sociological Association, 1993, 13: 175 – 195.

[30] Dyer C L. Tradition Loss as Secondary Disaster: Long-Term Cultural Impacts of the Exxon Valdez Oil Spill[J]. Sociological Spectrum: Mid-south Sociological Association, 1993, 13: 65 – 88.

[31] Faber D. The Struggle for Ecological Democracy: Environmental Justice Movements in the United States [M]. New York: Guilford, 1998.

[32] Freeman L. The Development of Social Network Analysis [M]. Vancouver: Empirical Press, 2004.

[33] Frey J H. Risk Perceptions Associated with a High-Level Nuclear Waste Repository[J]. Sociological Spectrum: Mid-south Sociological Association, 1993, 13: 139 – 151.

[34] Friedkin N E. An Expected Value Model of Social Power: Predictions for Selected Exchange Networks [J]. Social Networks, 1992, 14: 213 – 230.

[35] Friedkin N E. Theoretical Foundations for Centrality Measures[J]. American Journal of Sociology, 1991, 96: 1478 – 1504.

[36] Fukuyama F. Trust: The Social Virtues and the Creation of Prosperity[M]. New York: The Free Press, 1995.

[37] Gale R P. The Environmental Movement and the Left: Antagonists or Allies? [J]. Sociological Inquiry, 1983, 53 (2/3): 180 – 198.

[38] Giddens A. The Consequences of Modernity [M]. Cambridge: Polity Press, 1990.

[39] Granovetter M S. The Strength of Weak Ties[J]. The American Journal of Sociology, 1973, 78(6): 1360 – 1380.

[40] Granovetter M S. Economic Action and Social Structure:
The Problem of Embeddedness[J]. American Journal of
Sociology, 1985, 91(3): 481－510.

[41] Gramling R, Freudenburg W R. Environmental Sociology:
Toward a Paradigm for the 21st Century[J]. Sociological
Spectrum: Mid-south Sociological Association, 1996, 16
(4): 347－370.

[42] Grant D, Trautner M N, Downey L, Thiebaud L. Bringing
the Polluters Back in: Environmental Inequality and the
Organization of Chemical Production[J]. American
Sociological Review, 2010, 75: 479－504.

[43] Hoerner J A, Robinson N A. Climate of Change: African
Americans, Global Warming, and a Just Climate Policy
[M]. Oakland CA: Environmental Justice and Climate
Change Initiative, 2008.

[44] Hummon N P. Utility and Dynamic Social Networks[J].
Social Networks, 2000, 22: 221－249.

[45] Jackson C. Gender Analysis and Environmentalisms[M]//
Social Theory and the Global Environment. New York:
Routledge, 1994.

[46] Joekes S, Leach M, Green C. Gender Relations and
Environmental Change[J]. IDS Bull, 1995, 26(S1): 102－
113.

[47] Jones N. Environmental Activation of Citizens in the
Context of Policy Agenda Formation and the Influence of
Social Capital[J]. The Social Science Journal, 2010, 47:
121－136.

[48] Jones N, Koukoulas S, Clark J R A, Evangelinos K I,
Dimitrakopoulos P G, Eftihidou M O, Koliou A, Mpalaska

M, Papanikolaou S, Stathi G, Tsaliki P. Social Capital and Citizen Perceptions of Coastal Management for Tackling Climate Change Impacts in Greece[J]. Regional Environmental Change, 2014, 14: 1083 - 1093.

[49] Kam C D, Simas E N. Risk Orientations and Policy Frames [J]. The Journal of Politics, 2010, 72(2): 381 - 396.

[50] Ladd A E, Hood T C, Van Liere K D. Ideological Themes in the Antinuclear Movement: Consensus and Diversity[J]. Sociological Inquiry, 1983, 53(2/3): 253 - 270.

[51] Leach M, Fairhead J. Ruined Settlements and New Gardens: Gender and Soil Ripening Among Kuranko Farmers in the Forest-Savanna Transition Zone[J]. IDS Bull, 1995, 26: 24 - 32.

[52] Liebow E, Branch K, Orians C. Perceptions of Hazardous Waste Incineration Risks: Focus Group Findings [J]. Sociological Spectrum: Mid-south Sociological Association, 1993, 13: 153 - 173.

[53] Lin N. Social Capital and the Labor Market: Transforming Urban China[M]. NY: Cambridge University Press, 2007.

[54] Lin N. Social Capital: A Theory of Social Structure and Action[M]. NY: Cambridge University Press, 2001.

[55] Lutzenhiser L, Hackett B. Social Stratification and Environmental Degradation: Understanding Household CO_2 Production[J]. Social Problems, 1993, 40: 50 - 73.

[56] Lynch B D. The Garden and the Sea: U. S. Latino Environmental Discourses and Mainstream Environmentalism [J]. Social Problems, 1993, 40: 108 -112.

[57] Roberts J T. Psychosocial Effects of Workplace Hazardous Exposures: Theoretical Synthesis and Preliminary Findings

[J]. Social Problems, 1993, 40(1): 74 - 87.

[58] Magnani N, Struffi L. Translation Sociology and Social Capital in Rural Development Initiatives—A Case Study from the Italian Alps[J]. Journal of Rural Studies, 2009, 25: 231 - 238.

[59] Mohai P. Gender Differences in the Perception of Most Important Environmental Problems[J]. Race, Gender, and Class, 1997, 5: 153 - 169.

[60] Moody J. Network Exchange Theory[J]. Social Forces, 2001, 80(1): 356 - 357.

[61] Morrison D E. Soft Tech/Hard Tech, Hi Tech/Lo Tech: A Social Movement Analysis of Appropriate Technology [J]. Sociological Inquiry, 1983, 53(2/3): 221 - 248.

[62] Murphy R. Ecological Materialism and the Sociology of Max Weber[M]//Sociological Theory and the Environment: Classical Foundations and Contemporary Insights. New York: Rowman & Littlefield, 2002.

[63] Murphy R. Rationality and Nature[M]. Boulder, Colo: Westview Press, 1994.

[64] Murphy R. Sociology and Nature[M]. Boulder, Colo: Westview Press, 1997.

[65] Pellow D N. Resisting Global Toxics: Transnational Movements for Environmental Justice[M]. Cambridge, MA: MIT Press, 2007.

[66] Pintelon O, Cantillon B, Bosch K V, Whelan C T. The Social Stratification of Social Risks: The Relevance of Class for Social Investment Strategies[J]. Journal of European Social Policy, 2013, 23: 52 - 60.

[67] Putnam R D. The Prosperous Community: Social Capital

and Public Life[J]. The American Prospect, 1993, 13:
35 – 42.

[68] Radcliffe Brown. On Joking Relationships: Africa [J].
Journal of the International African Institute, 1940, 13(3):
195 – 210.

[69] Ridgeway C L. Gender, Status, and the Social Psychology
of Expectations [M]//Theory on Gender: Feminism on
Theory. New York: Aldine De Gruyter, 1993.

[70] Rudel T. How Do People Transform Landscapes? [J].
American Journal of Sociology, 2009, 115(1): 129 – 154.

[71] Schnaiberg A. Redistributive Goals Versus Distributive
Politics: Social Equity Limits in Environmental and
Appropriate Technology Movements[J]. Sociological
Inquiry, 1983, 53(2/3): 201 – 218.

[72] Shortall S. Are Rural Development Programmes Socially
Inclusive? Social Inclusion, Civic Engagement,
Participation, and Social Capital: Exploring the Differences
[J]. Journal of Rural Studies, 2008, 24: 450 – 457.

[73] Sonnenfeld D A. Contradictions of Ecological
Modernisation: Pulp and Paper Manufacturing in South-
east Asia [J]. Environmental Politics, 2000, 9 (1):
235 – 256.

[74] Stets J E, Burke P J. Gender, Control, and Interaction
[J]. Social Psychology Quarterly, 1996, 59: 193 – 220.

[75] Stets J E, Burke P J. Femininity/Masculinity [M]//
Encyclopedia of Sociology. New York: Macmillan, 2000.

[76] Tumbo S D, Mutabazi K D, Masuki K F G, Rwehumbiza F
B, Mahoo H F, Nindi S J, Mowo J G. Social Capital and
Diffusion of Water System Innovations in the Makanya

Watershed，Tanzania[J]. The Journal of Socio-Economics，
2013，43：24 - 36.

[77] Walsh E，Warland R，Smith D C，Backyards N.
Incinerator Sitings：Implications for Social Movement
Theory[J]. Social Problems，1993，40：25 - 38.

致 谢

在本书即将出版之际,我要衷心地感谢许佳君教授。许教授在该书的选题、调研、写作等方面给予了悉心的指导。许教授"面向田野、务实求真"的学术风格对我产生了深刻影响。在此,我对许教授表示最诚挚的感谢!

感谢墨尔本大学迈克尔(Michale Webber)教授(院士)、马克(Mark Wang)教授、莎拉(Sarah Rogers)博士、吴茉莉博士,昆士兰大学魏永平教授,南京大学出版社黄继东主任,南京邮电大学郑娜娜博士,还有其他给予我无私帮助的所有朋友。在此,我对他们表示衷心的感谢!同时,也对家人的支持表示感谢!

这次研究之所以能够顺利完成,离不开当地区环保局领导和湖水文站领导、村庄村委会全体成员以及所有接受我调查访问的村民朋友!在此,我对他们表示感谢!

湖区的人们,世代生活在湖边。小孩在湖边嬉戏游泳,大人在湖中捕捞鱼虾,老人在岸边散步聊天。我手拿记录本,循声进入渔民的家中,与他们一起谈天说地。我甚至会弯腰爬上渔民的小船,同他们一起下湖捕鱼。如今,一切都已经成为过去,但一幕幕场景仍然跃然眼前,难以忘怀。我希望用自己的笔,记录下这历史长河的瞬间。

黄齐东
2020 年 10 月于河海大学